青少年科学普及丛书

普及科学知识／拓宽阅读视野／激发探索精神／培养科学热情

与大自然亲密接触

主编：姜忠喆　李慕南

动植物进化简史

动物的进化路线是无脊椎动物——脊椎动物
鱼类——两栖动物——爬行动物——哺乳动物
植物进化的路线是藻类植物——蕨类植物——种子植物

吉林出版集团｜北方妇女儿童出版社

图书在版编目(CIP)数据

动植物进化简史 / 姜忠喆,李慕南主编. —长春 :
北方妇女儿童出版社,2012.5
(青少年科学普及丛书. 与大自然亲密接触)
ISBN 978-7-5385-6347-4

Ⅰ. ①动… Ⅱ. ①姜… ②李… Ⅲ. ①动物-进化-青年读物②动物-进化-少年读物③植物-进化-青年读物④植物-进化-少年读物 Ⅳ. ①Q951-49②Q941-49

中国版本图书馆 CIP 数据核字(2012)第 061618 号

动植物进化简史

出 版 人 李文学
主 编 姜忠喆 李慕南
责任编辑 赵 凯
装帧设计 王 萍
出版发行 北方妇女儿童出版社
地 址 长春市人民大街 4646 号 邮编 130021
电话 0431-85662027
印 刷 北京一鑫印务有限责任公司
开 本 690mm × 960mm 1/16
印 张 14
字 数 198 千字
版 次 2012 年 5 月第 1 版
印 次 2014 年 1 月第 1 次印刷
书 号 ISBN 978-7-5385-6347-4
定 价 27.60 元

前　言

科学是人类进步的第一推动力，而科学知识的普及则是实现这一推动力的必由之路。在新的时代，社会的进步、科技的发展、人们生活水平的不断提高，为我们青少年的科普教育提供了新的契机。抓住这个契机，大力普及科学知识，传播科学精神，提高青少年的科学素质，是我们全社会的重要课题。

一、丛书宗旨

普及科学知识，拓宽阅读视野，激发探索精神，培养科学热情。

科学教育，旨在是提高青少年素质的重要因素，是现代教育的核心，这不仅能使青少年获得生活和未来所需的知识与技能，更重要的是能使青少年获得科学思想、科学精神、科学态度及科学方法的熏陶和培养。

科学教育，让广大青少年树立这样一个牢固的信念：科学总是在寻求、发现和了解世界的新现象，研究和掌握新规律，它是创造性的，它又是在不懈地追求真理，需要我们不断地努力奋斗。

在新的世纪，随着高科技领域新技术的不断发展，为我们的科普教育提供了一个广阔的天地。纵观人类文明史的发展，科学技术的每一次重大突破，都会引起生产模式的深刻变革和人类社会的巨大进步。随着科学技术日益渗透于经济发展和社会生活的各个领域，科技已成为推动现代社会发展的最活跃因素，成为现代社会进步的决定性力量。发达国家经济的增长点、现代化的战争、通讯传媒事业的日益发达，处处都体现出高科技的威力，同时也迅速地改变着人们的传统观念，使得人们对于科学知识充满了强烈渴求。

基于以上原因，我们组织编写了这套“青少年科学普及丛书”。

“青少年科学普及丛书”从不同视角，多侧面、多层次、全方位地介绍了科普各领域的基础知识，具有很强的系统性、知识性，能够启迪思考，增加知识和开阔视野，引导青少年读者关心世界和热爱科学，培养青少年的探索和创新精神，不仅能让青少年读者不仅能够看到科学研究的轨迹与前沿，更能激发青少年读者的科学热情。

二、本辑综述

“青少年科学普及丛书”拟分为多辑陆续分批推出，本辑《与大自然亲密接触》，以“自然科学，和谐科学”为立足点，共分为10册，分别为：

1. 《曾经沧海难为水》
2. 《神秘的大自然》
3. 《自然宝藏》
4. 《天气变化早知道》
5. 《一年四季早知道》
6. 《横扫一切的自然力量》
7. 《得罪大自然的可怕后果》
8. 《动植物进化简史》
9. 《永别的物种》
10. 《濒临灭绝的物种》

三、本书简介

生物界从古到今在不断变化，动物的进化路线是无脊椎动物——脊椎动物，鱼类——两栖动物——爬行动物——哺乳动物；植物进化的路线是藻类植物——蕨类植物——种子植物。生物的进化过程是漫长的，在这漫长的过程中，是环境的变化促使了生物进化和灭绝。本书在有限的篇幅内，较为充分地反映生物进化故事的丰富与完整的面目，立体、直观、全面地展现生物进化画卷，增强了本书的可读性和趣味性。

本套丛书将科学与知识结合起来，大到天文地理，小到生活常识，都能告诉我们一个科学的道理，具有很强的可读性、启发性和知识性，是我们广大读者了解科技、增长知识、开阔视野、提高素质、激发探索和启迪智慧的良好科普读物，也是各级图书馆珍藏的最佳版本。

本丛书编纂出版，得到许多领导同志和前辈的关怀支持。同时，我们在编写过程中还程度不同地参阅吸收了有关方面提供的资料。在此，谨向所有关心和支持本书出版的领导、同志一并表示谢意！

由于时间短、经验少，本书在编写等方面可能有不足和错误，衷心希望各界读者批评指正。

本书编委会

目　录

一、动物进化史

二、动物进化之最

三、植物进化史

四、植物进化之最

一、动物进化史

古老生命的诞生

在我们的地球上，天上飞的、地上跑的、水里游的，虫、龟、鸟、兽等各种生命体数不胜数。

那么，这些生命体是怎样诞生的呢？地球上海洋的出现，为生命的诞生创造了条件，就孕育出了第一个生物。

第一个生物经过再生、繁殖和演化，逐渐形成各种各样的生命形态。这些生命形态不断繁殖，进而遍及了整个地球。

科学家发现，地球上的古菌类和细菌等生命体在水中、空气中和地上迅速繁殖，经过 20 多亿年的演化，构成了一个生物圈。这个生物圈中的各种生物成员相互交流，又先后孕育出了真菌和真核生物。后来，真菌和真核生物又衍生出多细胞植物和动物。

生命起源于海洋，并从海洋中繁衍开来，后来又布满地球上的陆地和山川，演化成五彩斑斓的树木和花草以及形态各异的昆虫和鸟兽。于是，生命之树在地球上茁壮成长起来，而人类则是这棵生命之树上最独特的枝条。由此可见，地球上的生命与地球是息息相关的。

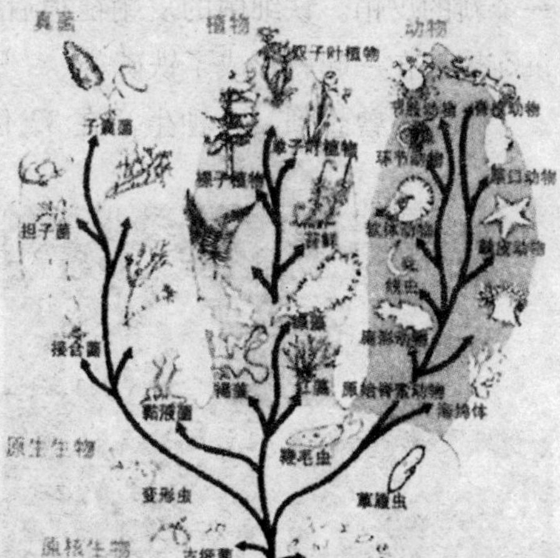

生命进化树

自从地球上出现第一个生物以来，直到人类的诞生，经历了一个非常漫长的生物演变过程。

据科学家考证，大约在 38 亿年前，地球上就已经出现了沉积岩，而古生物学家在 35 亿年前的微生物化石群中，发现了最古老的具有细胞结构的生命。于是，在地壳形成后 3 亿年内就出现了生命。

至今，科学家所发现的最古老的

生命体，是位于非洲南部的铁细菌化石。

有科学家还曾在富铁矿中发现了一种生活在远古的微生物——铁细菌。经过研究这些富铁矿的年代，科学家断定铁细菌的历史可以追溯到32亿年前。

铁细菌是一种直径只有几微米到几十微米的单细胞生物，只有在放大成千倍的显微镜下才能看得见它。

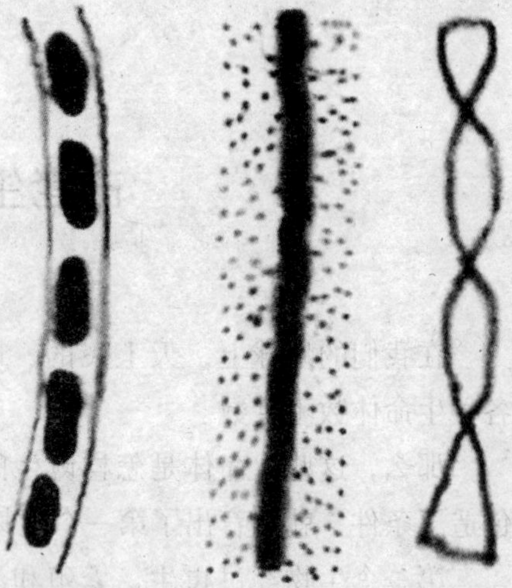

铁细菌

铁细菌与一般的细菌大致相似，细胞内尚未形成细胞核。有些铁细菌的细胞形状呈椭圆形或杆形，很多细胞连起来形成很长的线体，有些单个铁细菌本身就是细而长的线体形状，有些铁细菌的形状呈球形、弧线形、杆形带柄或分枝，还有一些独特的铁细菌是小瘤状、带状或螺旋状的。无论什么形态的铁细菌，身体外面都包裹着一层薄薄的“铁甲”——皮鞘。

有意思的是，铁细菌的皮鞘竟然比它的身体大很多。皮鞘是铁细菌的保护罩，铁细菌能够在皮鞘内前后移动，有时还会跑到皮鞘外面，重新制造出一个新的皮鞘。铁细菌的皮鞘褪掉后会在水中沉淀下来，大量的铁细菌皮鞘沉淀聚集在一起就形成了铁矿。

谁也不曾想到，这种生活在32亿年前的铁细菌竟是生产铁的“能工巧匠”，就因为有了这些铁细菌，地球上才产生了非常丰富的铁矿资源。

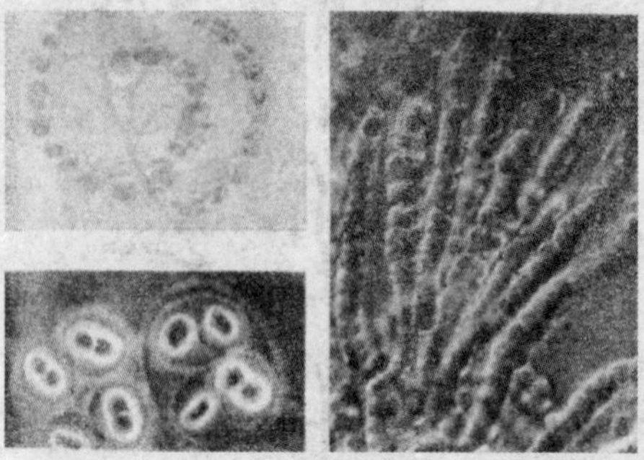

蓝细菌

当前，科学家在距今18~32亿年前的沉积岩中，发现了各种各样的铁矿石，还也发现了不同类型的铁细菌。

这些远古铁细菌和现代铁细菌很大致相同，它们都具有皮鞘。但是，远古铁细菌并非现代铁细菌的老祖宗，它们比现代铁细菌大得多，而且远古铁细菌大多已经消失。

远古铁细菌属于好氧微生物，但需氧量很少。科学家推测，在距今 32 ~ 34 亿年前，地球的大气具有高度的还原性，当时的大气中几乎不含氧气，只含有二氧化碳、甲烷和氢气。

在 32 ~ 31 亿年前，地球上出现了另一类原核生物——蓝细菌。这些蓝细菌可以摄取大气中的二氧化碳，通过光合作用产生游离的氧气。随着蓝细菌的不断繁殖，地球大气中的氧气含量大大增加，为高等生物的诞生提供了优越环境。

细菌的演变

大约19亿年前，最原始的生命出现第一次兴盛。

假如能够回到当时，借助高倍显微镜在海洋中观察，就会看到四处都是细菌和蓝藻。

当时有些细菌已经演变成真核生物，完善的生命细胞结构已形成。科学家推测，现代生命都是以真核生物为原点辐射进化而来的。

这个结论是有据可依的，科学家在加拿大冈弗林发现的铁微化石群就是最好的见证。通过测定铁微化石群的同位素年龄，科学家判断该群形成于19.5亿年前。

当时真核生物各种各样，有类似孢子的球状体，有管状不分枝的丝状体。特别引人注目的是，有些丝状体的真核生物出现了异形胞，它们体内的大小细胞之间已经明显地呈现出细胞壁。

在漫长的进化过程中，细菌为了对抵抗外部的恶劣环境，将细胞壁发展得愈发完善。因此，细胞壁是细菌用来防护的工具，以保护细菌能够在恶劣的环境中继续生存下去。

有些细菌很有远见，不仅进化出细胞壁，而且还发明了一种独特的荚膜结构。

细菌有了荚膜后，纵然在恶劣的环境中一样可以怡然自得，于是它们向着更机动灵活的方向演变，产生出了一种独特的强力引擎——鞭毛。

鞭毛的构造不复杂，最重要的是一团蛋白质，外面是一束毛状物质。毛状物质围绕着蛋白质不停地做螺旋波动，就像螺旋桨一样推动着细菌前进。

无论是远古时期还是现代，细菌首当其中是生命力最强的一类生物。它们就像不系之舟一样，在自然界的各个领域来去自如。细菌之所以能够有这么大的能耐，一是因为它具有惊人的创造力，二是因为它们在不断地进化着自身的结构。细菌无论走到哪里，随时随地都在准备着向新的领域挑战。整个自然环境的变化，就是它们进化演变的原动力。对它们而言，进化几乎没有任何底线或是极限。

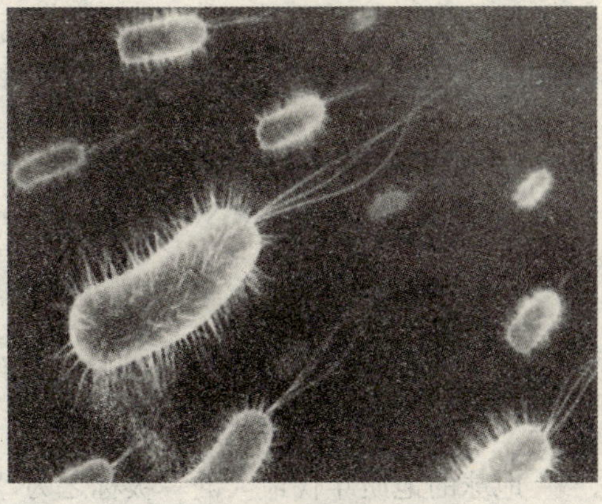
长着鞭毛的细菌

有个常见的例子可以说明这些，我们经常发现，一些食物发霉后会产生独特的网状物质，像这些网状物质就是细菌为了附着在其他物质上而生出的菌毛。又如，有的细菌也很不简单，它们进化出了酶系光合作用，仅仅吸收日月精华便可健康地生存下去。还有一些细菌更让人惊叹，它们在陷入绝境的时候，会毫不可惜地扔掉所有的“累赘”，仅保留基本的遗传物质和必要的芽孢结构，便昏昏大睡，等着柳暗花明又一村的时机。

细菌在不断适应环境的过程中，再次发挥令人惊叹的创造力，发明了一层不寻常的装备——细胞膜。

细胞膜的功能是很强大，不但可以帮助细菌排除多余的物质，吸收需要的物质，还可以把细菌不易吸收的有机大分子分解为易于吸收的小分子。值得一提的是，细胞膜是细菌的能量工厂，它帮助细菌合成肽聚糖、磷壁酸、脂多糖等多种能量。我们来看一看这个工厂是如何生产的。

细胞膜上具有很多酶物质，可以将营养物质氧化，从而为细菌内的各个组织结构提供足够的能量。细胞膜这种与众不同的能力，科学家称之为细胞的呼吸作用。

细胞膜还有一种重要作用，当细菌准备分裂产生后代时，它就会自然增生，产生很多的囊状皱褶，即中介体。中介体不仅可以引导细菌顺利分裂，而且还大大提高细菌产生能量的速度。

细菌拥有了中介体后，能量代谢便上升了一个层次。中介体将糖类氧化成二氧化碳和水，让糖分子释放出全部化学能，供给细菌的需要。而那些没有中介体的细菌，仅仅通过分解营养物质来获得微小的能量。

从太古代到元古代的生物

动物进化史是一门很深的学问，要使这门学问更加简单易懂，首先需要介绍一下地球的地质年代的划分。

地球的地质年代最大的一级称之为“宙”。就目前的地球历史而言，可分为隐生宙和显生宙，地球上一切生物所处的“宙”都是显生宙。

显生宙又可分为五个“代”，分别是太古代、远古代、古生代、中生代和新生代。每一个“代”还可划分为若干“纪”，“纪”又可划分为若干“世”。举例来说，“冰川时代”的准确发生时间应该是“显生宙——新生代——第四纪——更新世——冰河期”。

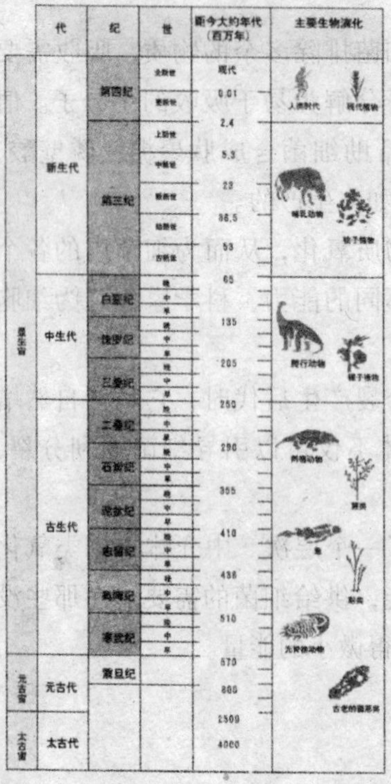

地质年代表

最早的地质年代是隐生宙太古代。因为太古代和远古代没有明显的划分界限，所以通常将两者统称为“前古生代”。

美国人洛冈于 1863 年把生物界太古老和生物界次古老命名为太古代和元古代。

太古代初期，地球尚不稳定。地球上的陆地四分五裂，随时都会发生强烈地震和火山喷发。当时的地球，四处岩浆横流，环境如现在的金星一样恶劣。此外，受到地震和火山灾害的影响，地球的空气中充满烟雾，空气中主要是硫磺气体，含氧量几乎为零。

人人皆知，氧气是大多数生物维持生命所必备的物质条件。可以想到，在含氧量几乎为零的环境中，怎么可能产生生物呢？

地球距离太阳较远，且自转周期合理，随着地球表面的不断冷却和水汽的增加，大地上形成了大量的水资源，这就为生命的形

太古代之初，地球上四处岩浆横流

成奠定了必要的物质基础。

大约 39 亿年前，地球上出现了生命之源——海洋。当时的海洋，都是淡水。大量有机物被雨水卷入了海洋中，在太阳和地球的物理作用影响下，部分有机物转化成原始蛋白质。

后来几亿年中，海洋中的原始蛋白质进一演变化，变得越来越复杂，并且在 34 亿年前诞生了原始生命。

在太古代中期，被海洋占据的地球已经裸露出部分陆地，如我国的华北大部、东北部分地区和新疆西部的部分地区，劳亚古陆（包括现在的北美、东欧和西伯利亚）、冈瓦纳古陆（包括现在的非洲、印度、澳洲、南美和南极洲）等原始大陆初步形成。不过，这些原始大陆就像现在的许多大陆一样被汪洋大海所分隔，各自独立。

从太古代直到元古代，地球的陆地上并没有发生多大的变化，依旧是地震频繁、火山频发，一样是土地荒凉、毫无生机。

但是，在深邃碧蓝的海洋中，却发生了天翻地覆的变化。此时的海洋，正进行着一场大爆炸式的生物演变，一些原始生命已经演化为蓝藻等单细胞生物。

地球原始大陆

蓝藻的诞生，至使地球上空气中的含氧量逐渐增加，为更加高等生物的诞生创造了必要条件。

远古代末期的震旦纪时期，始于约19亿年前，止于约6亿年，称之为藻类时代。这一必要的藻类生物，就如蹲在起跑线上准备冲刺的运动员去近接生命的灿烂。

因为远古代距离人类非常遥远，我们无法重现当时地球上的具体状况，但科学家考证，可以描绘出这样一幅景象：在一望无垠的海面上，漂浮着一簇簇的蓝绿藻丝，在海风的吹拂下，准备开始新的生命转变。

如今的海底中，仍然保留着远古代时期的馒头状藻类叠层石和卵形的藻灰质结核。

元古代时期的地层在我国分布较广，所以我国不少地区富含藻类化石积累而成的岩层。

如今，这种岩层可以加工成建筑材料，如北京人民大会堂光彩夺目的石柱，南京长江大桥头堡如镜的墙壁，都是用产自8亿年前的藻类化石岩层做成的。

元古代早期，海洋中最常见的生物是蓝绿藻。蓝绿藻多以群体方式生活，因此在漫长的岁月更中，很多蓝绿藻化石形成了巨大的锥状叠层石和简单、连续分枝的直柱叠层石。

叠层石

元古代中期，海洋生物仍旧以蓝绿藻为主，这时的藻类更为多样化，藻丝的结构也有的呈单列，有的呈多列，更为复杂。

元古代中期的藻类化石同样会形成不同形态的叠层石，如光滑的石柱状叠层石、分枝块柱状叠层石。

元古代末期是藻类大繁盛时期，

出现了前管孔藻、多管藻、红藻、放射线藻等多种藻类，其中红藻的数量是最为庞大的。这一时期的藻类化石出现了明显的钙化现象，化石表面由致密、放射状排列的线体组成，这对追溯红藻的起源具有重大作用。元古代末期的蓝绿藻依旧很兴盛，它们一般呈球形，两三个群体被同一层衣鞘包裹着。

元古代时期的海洋藻类植物

元古代结束后，隐生宙随之结束，下面开始进入显生宙时代。

显生宙是地球历史上第二个“宙”。当海洋中的低等植物演变成有壳的无脊椎动物时，地球便从隐生宙过渡到了显生宙。

显生宙始于约6亿年前，从字面上可以看出，显生宙是各类生物空前繁盛的时代。显生宙开始后，生物仍然遵循着从低级演化为高级的演变规律，无脊椎动物演化为脊椎动物，脊椎动物又演化出更高级的种群，从鱼类、两栖类、爬行类、哺乳类到人类，优胜劣汰，相继扮演着地球上的主角。

因为显生宙距今没有隐生宙那么久远，加之大量的生物化石得以保存至今，所以人类对显生宙的认识要比隐生宙多很多。

生命爆发时代

文德动物

显生宙古生代的第一个时期是寒武纪——生命的爆发时代。

寒武纪的名称是怎样来的呢？1936年，考古学家赛德维克在英国西部的威尔士山一带进行研究，由于威尔士山曾被称为寒武山，因此赛德维克便将威尔士山所处的地质时期称为寒武纪。

寒武纪时期的地球陆地上一片荒凉，基本找不到任何高等陆生生物的遗迹。只有在潮湿的低地，生活着低级的苔藓和地衣类植物，只是它们没有根部和纤维组织，很难延伸到干燥地区。

但是，海洋中却出现了许多各种各样的无脊椎动物。这些动物隐伏在各类海藻中，以微小的有机物为食，共同生育繁殖。因为当时这个时期尚未出现能够伤害这些动物的天敌，因此它们在和平的海洋中怡然自得地生活着。

海洋中最早出现的动物是什么呢？1946年，在距今6亿多年前的岩石中，一位科学家发现了一些奇怪的浅碟形古生物化石。此，各类奇形怪状的古生物化石陆续在世界各地被发现，科学家将这类生物命名为“文德动物”，这就是最早的动物。

开始，科学家认为文德动物是水母、海鸡冠和蠕虫等现代海洋动物的祖先。可是，文德动物没有头和尾，单单依照一定的图案形状拼合在一起，根一点也不同于现代动物。

寒武纪时期最重要的动物当属怪诞虫。20世纪初，科学家在加拿大布尔吉斯页岩矿坑中发现了怪诞虫化石，认为这是一种带刺毛的蠕虫动物。但经过科学家仔细研究发现，怪诞虫的身体呈管状，有7对用来站立的长腿，背部还生长着触手，这与蠕虫动物不同。后来，科学家在中国发现了保存完好的怪诞虫近亲化石，这才知道怪诞虫所谓的长腿实际上是它背上的刺，而它背部的触手才是肉足。

发掘三叶虫化石

三叶虫是寒武纪时期最繁盛的动物，它统治着整个海洋。

在寒武纪时期三叶虫约占当时全部生物的60%，是一类比较高级的节肢动物。从外表来看，寒武纪早期的三叶虫，一般头部巨大，尾部短小，如小遇仙寺虫。寒武纪中期的三叶虫，一般头尾大小相等，尾部生长着棘刺，如德氏虫、叉尾虫。寒武纪末期的三叶虫，一般头尾多是浑圆的。

三叶虫的身体分为头、胸、尾三部分，虫体的背甲正中突起，被两条纵沟分成左、中、右三叶，它的名字就是这么来的。

因为三叶虫拥有坚硬的背甲，所以很容易保存为化石。这种动物早已从地球上消失，我们对它们的了解全是从化石中研究得来的。

300多年前的明朝崇祯年间，在山东泰安大汶口石头里，一个名叫张华东的人发现了一种“怪物”。这种怪物的外形非常好似飞翔的蝙蝠，于是张华东就将这种石头称作“蝙蝠石”。

到20世纪20年代，我国的古生物学家对“蝙蝠石”进行了科学研究，发现“蝙蝠石”原来是某种三叶虫的尾部化石。

我国出土的三叶虫化石不但数量多种类全，仅在寒武纪的早期地质岩层中就发掘出了200多个三叶虫化石。如山东泰安盛产的“燕子石”就是大量三叶虫死后堆积形成的化石。这些化石好似展翅欲飞的燕子，其实那是一种长着尾刺的三叶虫。

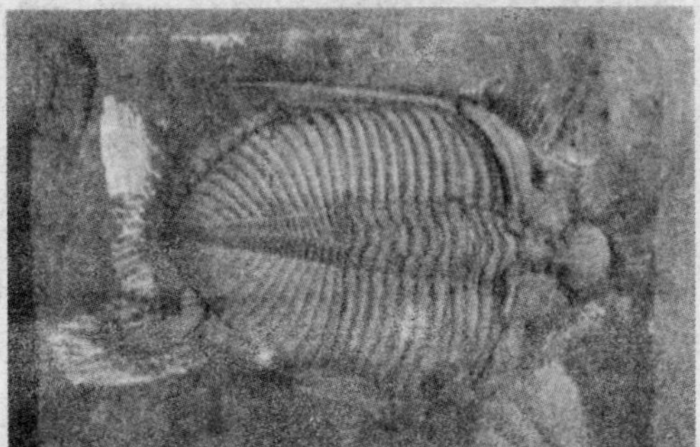

三叶虫化石

在其他国家，也早就有人发现过三叶虫化石。1698年，一个名叫鲁德的人发现了一种头部长着三个圆瘤的三叶虫化石，并将之命名为“三瘤虫”。

现在世界上有三种保存状态的三叶虫化石：

一是化石基本上头、胸、尾肢解分离，但是不同的部分基本上保存于同一层面，彼此的距离不远；

二是化石同头、胸、尾肢解分离不同于不像上述的密集于层面的状态，却分散保存于泥岩层内；

三是三叶虫化石完整保存于泥岩层内。

三叶虫的头部覆盖着坚硬的甲壳，称为头甲，这是鉴定三叶虫分类和种属的重要依据。头甲上中央有一个突起的安置脑的处所，称为头鞍。

三叶虫头鞍的形状和大小在生物演化中发生着相应地变化。寒武纪早期的原始三叶虫，其头鞍一般呈长圆锥形，突起并不明显。寒武纪中期以后的三叶虫，其头鞍开始缩短，头鞍两侧的颊部逐渐趋向平行，头鞍一般呈圆柱形，个别的三叶虫头鞍甚至变成了球形。寒武纪末期及以后的三叶虫，其头鞍已经不再明显突起，与头甲融为了一体。

有的三叶虫头鞍十分圆润光滑，一些三叶虫头鞍上长着瘤斑，另外还有一些三叶虫头鞍上长着具横沟，称为“头鞍沟”。

三叶虫头鞍前部是头盖，上面生长着眼脊、眼叶和眼睛，三叶虫的眼睛在历史进化中也在发生着不断变化。早期三叶虫的眼睛是月芽的，后来慢慢变小，最后绝迹。还有一类生长着复眼的三叶虫，眼睛则由小变大，最后生长出眼柄，志留纪时期的许多三叶虫就属于此类。

三叶虫眼睛的前后有一条沟，称为面线。三叶虫随着身体的生长逐渐变大，面线是三叶虫用来脱壳钻出去的地方。三叶虫的面线也在发生着演变，早期三叶虫的面线后支终点常与头部的后边缘或两颊角相交，而奥陶纪以后的三叶虫，其面线后支终点则与头部两旁的侧缘相交。

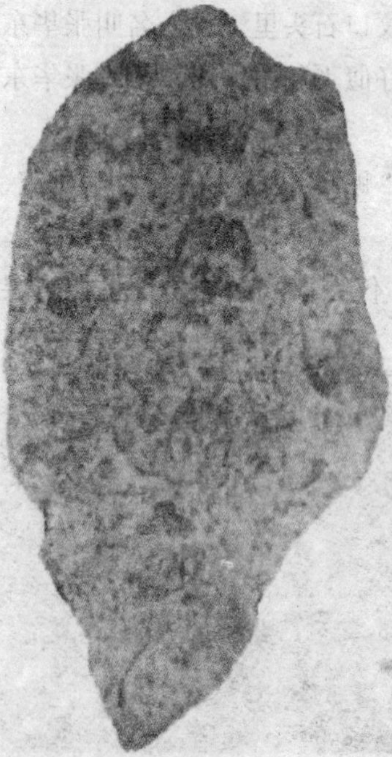

燕子石

三叶虫头部两侧具有活动颊，颊上生长着尖锐的刺。头部腹面的前端生长着触须，感觉器官。触须的后面是三叶虫的唇瓣，也就是用来捕捉食物的口。口两侧生长着许多的分节附肢，附肢上生长着细密的纤毛，有行动和呼吸的作用。

三叶虫的胸部由许多形状大致相同的胸节构成，胸节多者达十几节，少者只有两节。各个胸节之间以覆瓦状衔接起来，与绝大多数节肢动物的体节一样，具有自由弯曲或伸展作用。

三叶虫的尾部和胸部一样，是由若干体节融合而成的。三叶虫的尾一般都是半圆形，尾部边缘有的带刺，有的不带刺。如寒武纪和奥陶纪的三叶虫一般都没有尾刺，而志留纪及其以后三叶虫一般都长着长长的尾刺，这些刺可以自由伸展、放射，让三叶虫变得很漂亮。

三叶虫的背部一般是更硬甲且而光滑，但有些种类的三叶虫，其背部生长着许多小瘤，这些小瘤与颊刺、尾刺连在一起，成为一套防护“盔甲”。可见，在当时的海洋中即使有比三叶虫强悍的动物，也不敢随便欺负冒犯它们。

三叶虫的发育阶段很复杂。

三叶虫属于卵生、雌雄异体动物。它们从生命初始，经过多次的蜕壳才能长大，上现存的许多节肢动物都延续了三叶虫的发育方式。

三叶虫要经历幼年期、分节期和成虫期三个发育阶段。

幼年期的三叶虫身体特别小，直径约为0.24～1.3毫米，一般呈圆球状，身体上的突起部位很明显，头部与尾部不很分明，也没有胸节。

分节期的三叶虫头部和尾部已经分开，胸节开始发育。随着三叶虫不断生长和蜕壳，身体上的胸节、刺、瘤和尾甲的分节数就会增加，当胸节全部长成后就进入了成熟期。

成熟后的三叶虫，就完全可以在海洋中惬意地生活了。

至今，科学家还不曾在陆地层中发现三叶虫化石，这证明三叶虫只生活在海洋中。

寒武纪的常见生物

寒武纪是一个生命大爆发的时代，除了三叶虫还有许多其他生物。

（1）奇虾。约5.3亿年前的海洋中，奇虾是最凶猛的动物。它的头部生长着一对带柄的巨眼，头前有一对分节的巨型前肢，用来快速捕捉食物，尾部长着好看的大尾扇和一对长长的尾叉。它的口直径达25厘米，口中长着环状排列的外齿，威胁着海洋的其他生物。奇虾不善于行走，但它游泳速度很快，个体最大可达2米，而当时其他动物的平均长度只有几厘米或几毫米。这说明，奇虾确实是一种攻击能力很强的动物。

（2）古杯。在5.7～5.15亿年前，古杯是一种很常见的低等多细胞海生动物。古杯在形态上好像珊瑚，但具有精致、规则的多孔系统，很容易与珊瑚区分。在生活方式上，古杯分为单体和群体两种。单体的古杯多呈杯状、锥状、圆柱状和盘状等；群体的古杯多呈树丛状和链状等。古杯演化快，分布广，除南美洲外遍及全球各大洲，在古生态、沉积环境和寒武系与前寒武系界线地层研究中有重要意义。

（3）埃谢栉蚕。其化石产地为加拿大西部，生活于距今5.36～5.1亿年前，体长2～2.5厘米，是一种多刺动物，生长着毛一样的腿，通常以海绵生物为食。

（4）哈氏虫。其化石产地为格陵兰，生活于距今5.7亿～5.36年前，体长约6.25厘米，是一种像蛞蝓一样的动物，体表覆盖着许多鳞状物。

奇虾

（5）小软舌螺。其化石产地为欧洲，生活于距今5.8亿～5.18亿年前，体长约0.25厘米，是软体动物的早期成员。

（6）科氏惊异虫。其化石产地为捷克共和国，生活于距今5.7～5.36亿年前，体长约15厘米，是迄今所发现的节肢动物中最古老的成员。

（7）地衣壳形虫。其化石产地为欧洲、北非和美国，生活于距今5.36～5.18亿年前，体长5厘米，是一类已经绝迹的好像海百合的原始动物。

（8）微网虫。其化石产地为加拿大和中国，生活于距今5.36～5.18亿年前，体长约7.5厘米，是一种有足的蠕虫状动物。

（9）皮卡虫。其化石产地为加拿大西部，生活于距今约5.3亿年前，体长约5厘米，是一种背上生长着好像脊椎物质的动物，它可能是包括人类在内的所有脊椎动物的祖先。

寒武纪时期的各类海洋生物

（10）多须虫。其化石产地为加拿大西部，生活于距今5.36～5.16亿年前，体长约10厘米，是一种头扁、体宽、有桨状鳃的动物，可能是鲎、蜘蛛和螨的祖先。

寒武纪作为地球历史上影响重大的地质时期揭开了生命大量繁衍的序幕，走进了藻类和无脊椎生物的世界。

无脊椎生物时代

寒武纪结束后，开始进入无脊椎生物时代——奥陶纪。

奥陶纪是古生代第二个纪，距今5亿年前，结束于距今4.4亿年前。

在奥陶纪时代，地球上藻类的变化并不大，三叶虫的数量仍居整个生物界第一。

奥陶纪显著特点是，除三叶虫之外的其他无脊椎生物的数量和种类都大大超过了寒武纪，珊瑚、腕足类、腹足类、海百合和鹦鹉螺等无脊椎生物繁盛，让海底世界变得多姿多彩。

奥陶纪时期的地球陆地与寒武纪及寒武纪前期大致相似，未出现任何生物。不过，由于海域中的水生植物不断地进行光合作用，使空气中的含氧量大大增加，为陆地生物的诞生奠定了更加良好的物质基础。

在奥陶纪的海域中，最奇异而特殊的类群当属无脊椎动物笔石，主要包括对笔石、叶笔石、四笔石、栅笔石等，全部属于正笔石目的科属。

笔石，而是一种微小的蠕虫状生物。

笔石与现在的珊瑚虫一样，属于群体生活的生物。但笔石群体远没有珊瑚虫群体大，整个笔石群体仅有5厘米左右。

从奥陶纪初期开始，笔石就已经大量繁殖。这种生物有的固定在海底岩石上，有的在海底陆地潜伏着，有的在海水中游移着，有的漂浮在海面上。尽管是同一种生物，形态各异，构成海域中的一道美丽景色。

笔石群体化石

在古生物的研究中，笔石被列入非常重要的一种。这是因为笔石不仅在地球历史上占据着一个漫长的阶段，而且它是慢慢变化的。因此，可以根据笔石的种类判断其他海洋生物化石的年龄。

珊瑚

在奥陶纪早期，与笔石一同崛起的还有苔藓虫，它们进化很快，属种繁多，包括枝状的尼可逊苔藓虫、围块状的古神苔藓虫、薄层状的变隐苔藓虫和攀苔藓虫。

至奥陶纪中期，在现在依然备受注目的生物——珊瑚开始大量出现了。此时的珊瑚主要有复体的里亨珊瑚、单体牛角状的四射珊瑚、扭心珊瑚、新疆珊瑚等。虽然这些珊瑚远没有现在的珊瑚美丽多姿，但已经可以组成小型的礁体，为深邃的海域增添几分生机。

与笔石和珊瑚虫“平分天下”的生物还有腕足动物，它们演化速度快，繁殖能力强，在奥陶纪时期出现了大量类群。比如钙质壳类的腕足动物就曾繁盛一时，而几丁质壳的无铰类则步入消退。

还有，腕足动物中的共凸贝群、小嘴贝群、正形贝群等在奥陶纪均比较常见。共凸贝群贝体较小，其槽、隆已经开始发育，腹壳内具有匙形构造，主要有杨子贝、三房贝、扭月贝等。小嘴贝群两体凸出，发育出了喙部，身体上的饰褶比较粗强，主要有孔嘴贝，小褶窗贝等。正形贝群的贝体类似方形，其饰褶或粗或细，主要有正形贝、德姆贝等。

奥陶纪的无脊椎动物中的头足类在数量上占有绝对地位。头足类属于软体动物，有直长形的震旦角石，它们类型繁多、壳体巨大，在浅海中雄霸一时，也有鬈卷型的环喇叭角石和欧亚角石。

腹足类在奥陶纪也开始悄然崛起，它们演变明显，很快就产生多种属群，如螺塔低宽的马氏螺和蛇卷螺，螺塔直高的脊旋螺和后纹螺。

奥陶纪的生物

首先概括介绍一下奥陶纪时期各类群生物的面貌。

（1）头足类。身体分头、颈、躯干三部分；有头足，又分腕及触手两种形态，足基部腹面有管状的漏斗，用以排出外套腔内的水。壳体呈圆锥至圆柱形，壳面饰有波状弯曲的横纹。头足类是海洋中最重要的食物资源之一，当今尚存的头足类动物有章鱼、乌贼、鹦鹉螺等。

（2）无颌类。与“有颌类”相反，没有上、下颌，头的边缘长着奇怪的骨板，是地球上最早的脊椎动物之一。无颌类动物是最古老的水生鱼形脊椎动物，通常无偶鳍，内耳只有一个或两个半规管，用鳃呼吸并以鳍作为运动器官，捕捉食物的方法是将含有微小动物和沉积物的水吸入口中。现在地球上尚存的无颌类动物很少，最重要的代表是南美的萨卡班巴鱼。

提到无颌类动物，有这样一个故事。早在140多年前，考古学家发现了一种牙形石化石，但一直不知道它是哪种动物的化石。直到1995年，考古学家借助显微镜看到了牙形石的真相。原来，牙形石来自奥陶纪时期没有骨骼和上下颌的鱼形动物。它们的身体多呈细长的圆锥形，有一些像是带尖的耙

头足类动物代表——鹦鹉螺

子或梳子，有一些像是锯齿状的小棒或凹凸不平的刀刃。

（3）双壳类。因具有大小一样、左右对称的两壳而得名，头部不明显，足呈斧状或具足丝。双壳类是无脊椎动物中生活范围最广的门类之一，如今很常见的有牡蛎、青蛤、河蚬等。

（4）腕足类。与双壳类动物很相似，身体背腹各有一枚贝壳，腹壳比背壳稍大，其后端背侧有一喙状圆形开孔，好似古罗马时期的油灯。腕足类动物在寒武纪早期就已经出现，但现在很少。

（5）苔藓虫类。个体小，不分节，具有石灰质或角质外壳，体外分泌一层胶质，形成群体的骨骼。苔藓虫类动物在奥陶纪即已出现，如今还有生存，如羽苔虫附着在湖边石上或植物上，牡丹苔藓虫附着在浅海岩礁上。

奥陶纪时期的很多动物在今天已经看不到了，只能从化石中还原它们的真相。

（1）阿兰达鱼。其化石产地为澳大利亚，距今 5.1 ~ 4.63 亿年，体长 12.5 厘米，有 6 只“眼睛”——头的前方有一对真正的眼睛，头顶还有两对类似眼睛的器官。

（2）神螺。其化石在世界各地均有分布，距今 5.1 ~ 2.43 亿年，体长 7.5 厘米，螺壳近于球形，左右对称，早于恐龙时代就已经消失。

双壳类动物化石

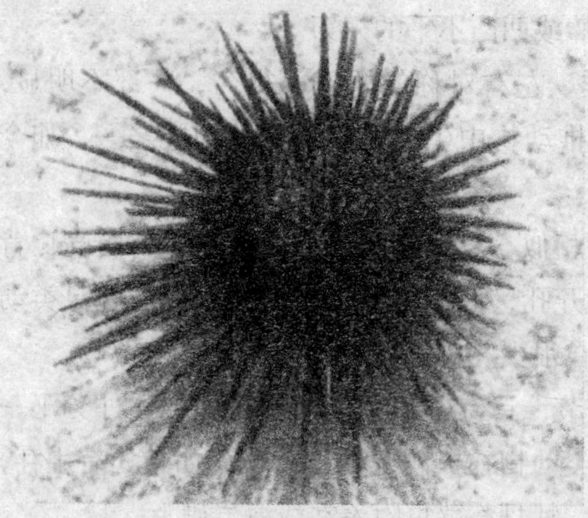

僧帽海胆

（3）僧帽海胆。其化石产地为欧洲，距今5.1～4.38亿年，体长2厘米，好似小的绣花球。

（4）锥鸟蛤。其化石产地为欧洲，距今4.6～2.54亿年，体长6厘米，是现在双壳类动物的祖先。

（5）星苔藓虫。其化石产地为北美洲、亚洲和欧洲，距今5.1～4.1亿年，体长1厘米，在海底形成丛状群落。

（6）均分笔石。其化石在世界各地均有分布，距今5.1～4.38亿年，体长可达20厘米。

（7）彗星虫。其化石在世界各地均有分布，距今4.39～4.1亿年，体长5厘米，这种动物的头稍大，过着底栖生活，眼睛长在肉茎上。

（8）矛头虫。其化石产地为欧洲，距今4.7～4.6亿年前，体长5厘米，其头上伸出一根长刺。

（9）小蜂巢苔藓虫。其化石产地为北美洲，距今5.1～4.1亿年前，体形很小，肉眼看不清，在海底形成杯状介壳的地毯。

（10）直角石。其化石产地为欧洲，距今4.75亿～4.6亿年，体长15厘米，外壳笔直的头足类，不同于这类软体动物的许多其他种类。

（11）四笔石。其化石在世界各地均有分布，距今5.1～4.6亿年，群体的一支大约1.5厘米长，但每一个芽状动物大小仅约1毫米。群体呈簇状，从一个附着于漂浮物的线状柄上垂下来。

概括地说，软体动物和节肢动物雄霸着整个奥陶纪，但是，由于这两种生物先天不足，后来被鱼类赶上并超越。

雄霸海洋的鱼类

奥陶纪结束后，志留纪和泥盆纪陆续到来。这两个“纪”在时间上相差不远，在这里将它们并在一起来探讨动物进化史。

这两个“纪”在生物进化史上统治重要，它们有一个明星的特征，即地球开始步入由脊椎动物占统治地位的时期。

没有脊椎动物，就不会产生鱼类；没有鱼类，就不会产生两栖类动物；而没有两栖类动物，就不会产生包括人类在内的很多生物。

志留纪和泥盆纪的海洋无脊椎动物非常丰富，由造礁珊瑚、海绵、棘皮动物、软体动物和众多的腕足动物组成。这一时期的三叶虫在数量上极大地减少，但是个别特大的三叶虫可达 74 厘米。

只是这两个时期的海洋霸主是我们既熟悉又陌生的鱼类。这样说是因为鱼类是最为平常的一种动物；说陌生是因为很多人并不了解这两个时期中的鱼类演变过程。

说到鱼类的演变，首先要提到的是甲胄鱼。甲胄鱼属于无颌脊椎动物，它在泥盆纪时期突然大量出现，并开始迅速演变，衍生出多种多样的种类，进而进化成各种鱼类。因此鱼类的进化是从甲胄鱼开始的。

恐鱼

在志留纪和泥盆纪的海底，盾皮鱼也很多，鲨鱼的祖先开始初露锋艺，还生活着两栖类的祖先——肉鳍鱼。

泥盆纪晚期，盾皮鱼类进化出了一种威猛巨大的种群——恐鱼。恐鱼体长约 12 米，巨嘴张开后可达 1 米多宽，嘴里长着锋利的牙齿，上下颌十分强壮且翕合自如。

鲨鱼

恐鱼是一种比鲨鱼还要利害的动物，当时海洋中的其他动物如果被它捉到，必死无疑。盾皮鱼类演变出的种群中还有一种小型的尾骨鱼，体长约40厘米，其上下颌跟恐鱼一样可以灵活翕合。

自志留纪以后，海洋中还出现了一种新的食肉鱼类的祖先——硬骨鱼类。说是硬骨鱼类但其骨骼却是由软骨组成的。早期的硬骨鱼类，体型较大的有异刺鲨，体长约75厘米；体型较小的有鳕鳞鱼，体长仅有几厘米。

硬骨鱼类还演变出一种特殊的鱼类，它们长着像剃刀一样锋利的牙齿，这就是鲨鱼。硬骨鱼类一般借助充气的鱼鳔保持漂浮状态，而鲨鱼却没有鱼鳔。但是，鲨鱼的鳍像飞机的机翼一样上面弯下面平，当鲨鱼在水中游动时，鳍就会产生向上的推力，使鲨鱼保持漂浮状态。大部分鲨鱼只能不停地向前游，而不能倒游者停止，但是一些鲨鱼的肝脏里储存着很多的轻油，可以帮助它们上浮。

泥盆纪时期的硬骨鱼类进化速度迅速，其中种类最多的当属辐鳍鱼类，大约有2万种，约占海洋脊椎动物种数的1/2。

志留纪和泥盆纪出现的第三种鱼类是肉鳍鱼类，这是一个繁盛的鱼类家族，远比同一时代辐鳍鱼类多样化。

肺鱼

肉鳍鱼类的体内有生长很良好的骨骼和肌肉，它们的胸鳍和腹鳍与身体通过一根骨头连接，看上去非常强壮。某些肉鳍鱼类的颅骨上还生长着对应的关节，用来增加颌部的咬合力量。

虽然肉鳍鱼类的身体构造这么发达，但它们只是以浮游生物为食的近海霸王，它不会造成威胁其他动物。肉鳍鱼类在晚泥盆纪、石炭纪和早二叠纪达到兴盛，其后步入消退，现今只有 7 种，其中 6 种是肺鱼，余下的 1 种是空棘鱼。这 7 种鱼可能是所有陆生脊椎动物的老祖宗。

肺鱼既有腮，也有肺作为辅助呼吸器官，此外还生长着阔鳍状的鳍状肢，使其能够短时期在水面上生活，同时具备了在陆地上进行生活的能力。

尽管志留纪和泥盆纪时期的鱼类非常强大，但它们也无法抵挡大自然的攻击。在 3.67 亿年前，至少有 3 个或多至 6 个来自太空的巨大天体坠入大海，致使全球气候干燥，温度降低。接着洋流使海洋进一步降温，造成海水盐度过高，含氧量大幅下降。在这场浩劫中，多种造礁类、鱼类和腕足类等海洋生物彻底消失了。

当海洋环境不适合生存时，鳍鱼中的某些种类向了陆地，它们依靠偶鳍、内鼻孔和鳔爬上陆地生活。

历时长时期的演化，一部分爬上陆地的鱼类演化成原始两栖类动物，为动物征服陆地拉开了序幕。

最初的陆地动物

在古生代中期以前，地球陆地上是没有动物的，植物和昆虫是最早生活在陆地上的生物。

长着坚硬外壳的昆虫

志留纪早期，陆地基本被植物和虫类统治。在茂盛的森林、草丛中，到处都是蹦蹦跳跳的虫类。蠕虫、蚱蜢等虫类以植物为食，而蜘蛛、蝎子等虫类则以植食性虫类为食。

植物是陆地上虫类赖以生存的必备生物，那么，植物是怎样出现在陆地上的呢？一些海洋生物，如藻类通过光合作用不断释放出氧气，使地球大气圈中的含氧量逐步，最后形成能够吸收大部分紫外线的臭氧层，给地球上的生物披上了一层天然的防护罩，这就为古生代植物从海洋登陆创造必备的物质条件。

一些海洋植物登陆后，陆地上肥沃的土壤为它们提供了优良的繁殖条件，从而使它们迅速繁衍，并演化成许许多多的种类。

大面积的植物在陆地上生活后，为虫类的生存创造了条件。因此，植物和虫类是迄今居住在地球上的最长久的生物。

在一些动物不能生存的地方，为什么昆虫却能安然地存活下来呢？原来，大部分昆虫都有坚硬的外壳，可以保护它们免受外界的伤害，同时可以保护它们在干旱少雨的季节不被干死。此外，昆虫的繁殖能力旺盛，一次可以产下几百只甚至几千只卵，即使在最危险或最恶劣的环境里，一些卵也可以正常孵化长大，继续繁衍后代。

初登陆地的两栖动物

植物和昆虫在陆地上繁衍生息了很久，在4 000万年后，两栖动物才从海洋登上陆地。

两栖动物开始登上陆地的时候，对陆地环境不太适应，只能停留短暂时间便要回到水中。随着登陆活动频繁，两栖动物终于适应了陆地环境。陆地上的植物和昆虫为两栖类提供了足够的食物，加之当时没有其他类型的动物与两栖类竞争，所以两栖类发展迅速。

下面来看一下两栖类的进化。

根据化石记录，最早的两栖类动物有鱼石螈、格里尔螈和蛇螈。鱼石螈在陆地和水中生活；格里尔螈栖居于沼泽中，偶尔会爬到地面上来；蛇螈在泥里挖洞蜇起来，等待捕捉食物。

由鱼类演变而来的两栖类在陆地上得到了很好的发展，但是它们在生殖方面却没有发展，仍然具有鱼类的卵无羊膜结构，必须将卵产在水中并在水中孵化。

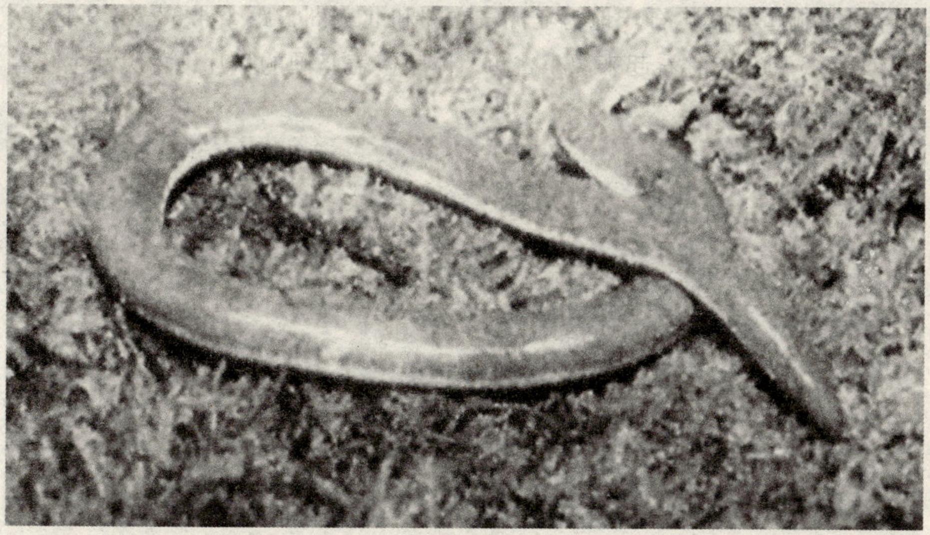

鱼螈

两栖动物的幼年阶段生活在水中，靠鳃呼吸，等生长出四肢后，就爬上陆地，用肺呼吸。

泥盆纪以后，两栖动物演变出许多的类群。在石炭纪和二叠纪阶段，两栖动物在数量和种类上达到了最兴盛时期，其中有些种类还进化出非常大的个体，成为当时地球陆地上最有地位的动物。

因为两栖动物对环境的依赖性大，其防御、扩散、迁移能力比较弱，所以生存能力比其他脊椎动物要说。

二叠纪以后，两栖类动物逐渐步入消退期，很多类群都消失了，少数类群残存到中生代早、中期，最后也消失了。但是，一些起源于二叠纪的两栖类新类群经过中生代生存至今，如青蛙、蟾蜍和蝾螈等。

如今发现的两栖动物共有 4 000 余种，根据它们的形态分为三大目：

（1）无足目。身体细长，呈蠕虫状或蚯蚓状，没有四肢，尾巴很短或者无尾，嗅觉灵敏，听觉退化。主要代表为鱼螈。

（2）有尾目。身体呈圆筒状，四肢较短，生有侧扁的长尾。主要代表有大鲵。

（3）无尾目。身体短宽，四肢较长，幼体为蝌蚪，长有尾巴，成体则没有尾巴。主要代表有青蛙。

接下来了解志留纪和泥盆纪时期一些比较常见的动物：

（1）栅鱼。其化石产地为亚洲、欧洲和北美洲，距今 4.38～3.9 亿年，约体长 7.5 厘米，它看起来像小鲨鱼，体表覆盖坚硬的鳞片，背腹部生长着尖利的棘刺和鳍。

翼肢鲎

（2）蜂巢珊瑚。其化石发掘于为欧洲、美国、澳大利亚和东南亚地区，距今4.42～3.86亿年，体长约1.5毫米，但可以组成直径1.5～1.8米的大型群落。这种珊瑚与现代珊瑚一样也形成珊瑚礁，其中有些种类形成大的石灰岩穹隆，有些种类则形成枝状物质。

棘鱼

（3）圆角石。其化石发掘于捷克共和国，距今4.6亿～4.25亿年，体长约15厘米，是一种海生鹦鹉螺类，具有弯曲的管状壳。

（4）翼肢鲎。其化石发掘于为欧洲，距今4.38～4.11亿年，体长约1.5米，是志留纪最大的板足鲎类之一，具有锋利的口钳，与蜘蛛、蝎子和鲎有亲缘关系。

（5）钵海百合。其化石发掘于欧洲、北美洲和非洲，距今4.38～3.78亿年，大小约70厘米，这种动物具有分枝的腕，形状好似花一样，一般都潜伏在海底。

（6）小窗格苔藓虫。其化石在世界各地均有出现，距今3.78～2.46亿年，体长约0.5～1毫米，但可以组成60厘米或更大的带花边的扇状或漏斗状群落，是一种已消失了的海洋动物。

（7）棘鱼。其化石发掘于欧洲、北美洲和北非，距今3.78～3.26亿年，体长90厘米，这是一种大型河湖相鱼类，身体上生长着长达30厘米的弯曲棘。

（8）类棱角菊石。其化石发掘于为欧洲、亚洲和北非，距今4.08～3.85亿年，宽约5厘米，是一种很小的海洋动物，身体上有卷曲的壳。

（9）拉多廷鱼。其化石发掘于为捷克共和国，距今4.08～3.85亿年，体长约30厘米，是一种体扁平、鳍宽，有盔甲的小型鱼类，与现代的鳐鱼很像。

（10）普氏海百合。其化石发掘于为欧洲、亚洲、澳大利亚，距今4.08～3.85亿年，高达5.4米，直径1.2米。

进入昆虫时代

石炭纪距今约3.5亿年，历经约6 500万年。可以把它分为两个时期：始石炭纪，也称密西西比纪，距今约3.6亿年，消失于距今约3.2亿年前；后石炭纪，也称宾夕法尼亚纪，距今约3.2亿年前开始，结束于距今约2.8年前。

在石炭纪时期，地球的地层中形成了很多的煤炭资源，因此得名“石炭纪”。据统计，这一时期所形成的煤炭储量约占全世界煤炭总储量的1/2还要多。

在石炭纪时期会形成如此丰富的煤炭为什么呢？这是因为该时期的地球上拥有大量的植物资源，而植物则是演变成煤炭的必不可少原料。

石炭纪阶段，地球的陆地面积呈现出逐渐增加的状态，陆地生物迎来了空前繁盛的时期。因为当时的地球气候温暖、湿润，因而在很多地区都产生了大面积的原始森林。

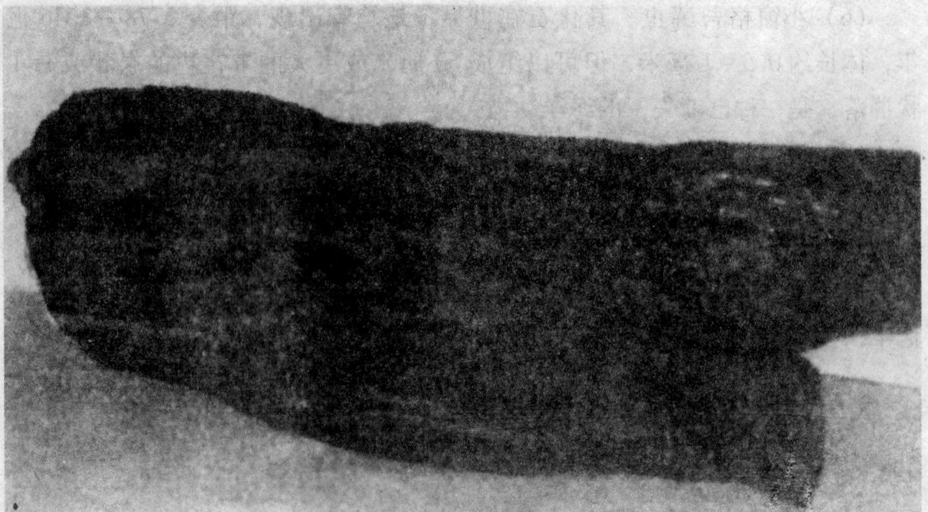

石炭纪时期的植物化石

大蜻蜓

在石炭纪时期，地壳运动非常频繁，所以地球的地理面貌发生了极大的改变。地壳运动又对气候分异现象产生了很大影响，如地球北方大陆产生了温暖潮湿的聚煤区，而冈瓦纳大陆则形成了寒冷的冰川沉积环境。地球气候的分带变化，加速进了动、植物地理分区的产生。

由于多种因素的影响下，地球上的陆地生物进入了快速发展时期，而海洋中的水生无脊椎动物也发生了明显地更新。

与泥盆纪相比，石炭纪的海生腕足动物在类群上显著减少，但在整体数量上仍旧占海洋生物的统治地位；海生头足类动物则以菊石迅速发展为主。

石炭纪海生动物中，最为明显的变化是无脊椎动物中的蜓类成为最重要的类群。

在石炭纪晚期，海生脊椎动物迈出了演化史至关生要的一步，它们逐渐摆脱了对水的依赖，开始向更加广阔的生态领域——陆地开始发展，如北美宾夕法尼亚地区的林蜥就演化成了两栖生物。

因为石炭纪出现了茂密的植被，为陆地生物创造了广阔的发展前景，所以蟑螂类和蜻蜓类开始迅速发展，占据了统治地位。值得一提的是，当时的蜻蜓类生物极其壮大，它们不但数量繁多，而且形体巨大，有些蜻蜓两翅张开后可达 70 厘米。

昆虫的演变

蜻蜓是一种大家熟知的昆虫，它们的幼虫在水中生长，长大后则成为陆地上的“飞行员”。

昆虫早在泥盆纪时期就已经出现，但那时的昆虫并没有长出翅膀，只能在陆地上爬行。直到石炭纪早期，昆虫中的某些种类演化出了翅膀，才得以在天空中飞翔，成为最早的地球“飞行员”。

昆虫是如何演化出翅膀的呢？为什么演化出了翅膀呢？

考古学家研究原始昆虫化石发现了一个有意见的现象，某些原始昆虫根本没有翅膀，但它们的腹足却退化为残存的腹部附器。由此来看，昆虫应该是受到地面活动的制约，开始向空中发展，以求获得更广阔的生存区域，由此，昆虫演化出了翅膀。

石炭纪早期，地球的陆地上生出现了高大的植物，乔木型蕨类就是最为突出的一类，包括鳞木、封印木、芦木等，它们繁殖很快，很快就布满了大部分陆地。

在这些树木形成的森林中，生活着许多的无翅类昆虫。为了生存，昆虫们常常爬到树上，去吃那些细枝嫩叶。

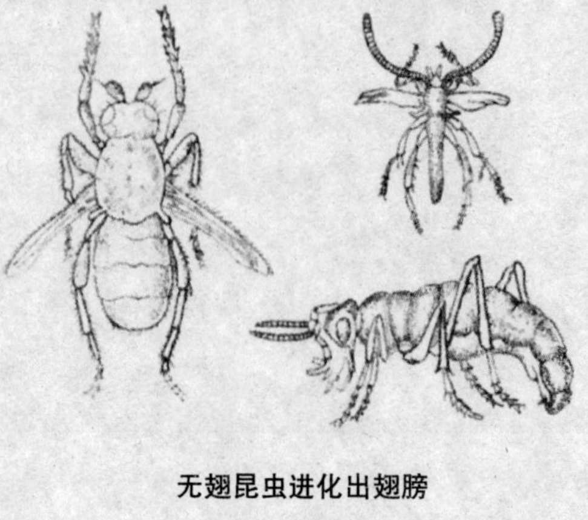

无翅昆虫进化出翅膀

当时的地球经常出现刮大风，爬到树上的昆虫常被大风吹落，不但不能顺利地吃到树木的细枝嫩叶，甚至会失去了生命。

在这种环境中，有些昆虫为了抵抗大风的侵袭，它们的身体背面发生了突变，形成了外突的角质膜。长此以往，这类昆虫就可以轻松地在森林中进行滑翔飘移。这样，它们既能顺利地觅食，又能逃避天敌的攻击，生存的几率得到了很大的提高，成为昆虫中的优良群体。

经过长期地演化，这类昆虫不断进化，胸部背侧的外突角质膜更加发达，并在角质膜基部长出了关节，最后终于形成了适合于飞翔的最早翅膀，成为名副其实的“飞行员”。

蜉蝣

随着时间的推移，演化出翅膀的昆虫成为统治者，而那些没有翅膀的昆虫则慢慢被淘汰，最终走向消失。到了二叠纪时期，昆虫更是发生了飞速进化，大多数昆虫都演化出了翅膀。

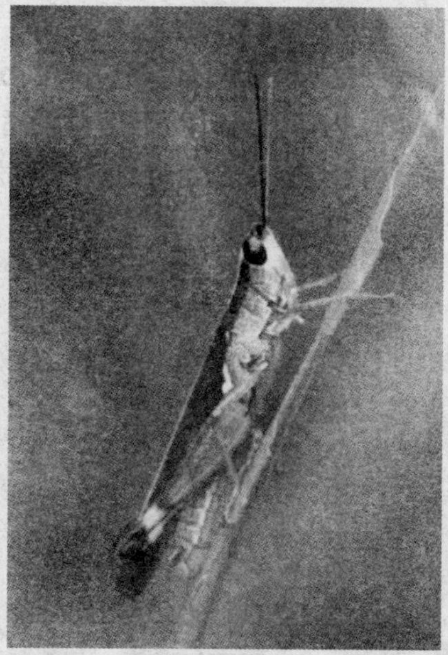

蝗虫

但是，尽管生长出翅膀，有些昆虫也不一定能得到很好地生存。因为有些昆虫的身体非常大，所需的食量非常大，它们需要飞到更高的树木上觅食。然而，地球上经常刮大风，越高的地方风势就越大，那些身体巨大的昆虫在树木上必须承受强大的风力。因为这些昆虫的翅膀裸露在外面，自然首先受到大风的侵袭，时常折损，而翅膀折损后，这些昆虫就不能飞到树木上觅食，长此以往就被淘汰了。

自然是无情的，大部分生长着翅膀的昆虫经不住自然的考验，最终走上了灭绝的道路，现今只留下蜻蜓目和蜉蝣目中的一些小型种类。

为什么蜻蜓目和蜉蝣目能够生存下来呢？原因就在于它们的翅膀进化得更加先进，能够收缩折叠起来。正是在进化上细微的进步，使得它们获得了极大的成功，后代一直繁衍至今。

翅膀能够收缩折叠，称之为新翅类昆虫。最早的新翅类昆虫包括原直翅目、直翅目、蛮蠊目等，不过新翅类中大多数种类的昆虫最终还是灭绝了，只有部分直翅目和蛮蠊目昆虫，包括蝗虫、蟋蟀、蟑螂等延续至今。

新翅类昆虫得到了更大的生存空间，那为什么还是有大部分都绝迹呢？原因很简单，它们的翅膀不够发达。

由于受到生存环境的影响，各类昆虫的翅膀在形态和功能有所差异。经过长期的演变，有翅昆虫逐渐多样化，产生了许多新生代类型。

刚刚出现翅膀的昆虫，主要用来飞翔，它们的翅膀薄而透明，但经不起外界的攻击。为了更好地生存，一些昆虫的翅膀发生了演变，有些昆虫的前翅变为坚韧的革质，用作保护后翅和躯体的鞘翅；有些昆虫的前翅仅基部加厚硬化，其余部分仍为膜状的半鞘翅；有些昆虫的后翅退化成棒状，以便在飞行转弯时起到平衡身体作用。

昆虫长出翅膀以及翅膀的进化，扩大了它们的活动区域和分布范围，并且很快提高了对各种不同环境的适应能力，昆虫得以顺利迁徙、扩散、占领新领地，这大大加速了昆虫的繁荣发展。

动物爬行时代

在动物进化史中，中生代是最为令人关注的时期。当时的脊椎动物开始全面繁荣并演化成各种各样的爬行物种，在海、陆、空全都占据主导地位，因此通常把中生代叫做“爬行动物时代”。

中生代可划分为三个“纪”，分别是三叠纪、侏罗纪和白垩纪。

在了解中生代前，先来回顾一下昆虫时代——石炭纪。

石炭纪是重要的造煤时代，地球上大部分煤炭资源都产自这一时期的森林。

当时，地球上的气候温暖、潮湿，陆地上生长着繁盛的森林，森林中生活着体型巨大的昆虫，而两栖动物中的有壳椎类和迷齿类也悄然崛起。

石炭纪曾发生了一次海西造山运动，致使地球南部冈瓦那古陆出现了大规模的冰期，这种地质变化一直持续到距今约2.8亿年前的二叠纪。

二叠纪是古生代最后一个纪，距今约2.9～2.5亿年前，因该时期的地层清楚地分为两个部分而得名。

二叠纪时期的海生无脊椎动物，以珊瑚类、腕足类和菊石类为主要群体，但是由于它们的组成成分发生了很大变化，因而进入衰退期或期。如四射珊瑚逐渐衰减而至消失；腕足类大为减少，仅存少数类别；苔藓虫类也处于衰退期。

海西造山运动

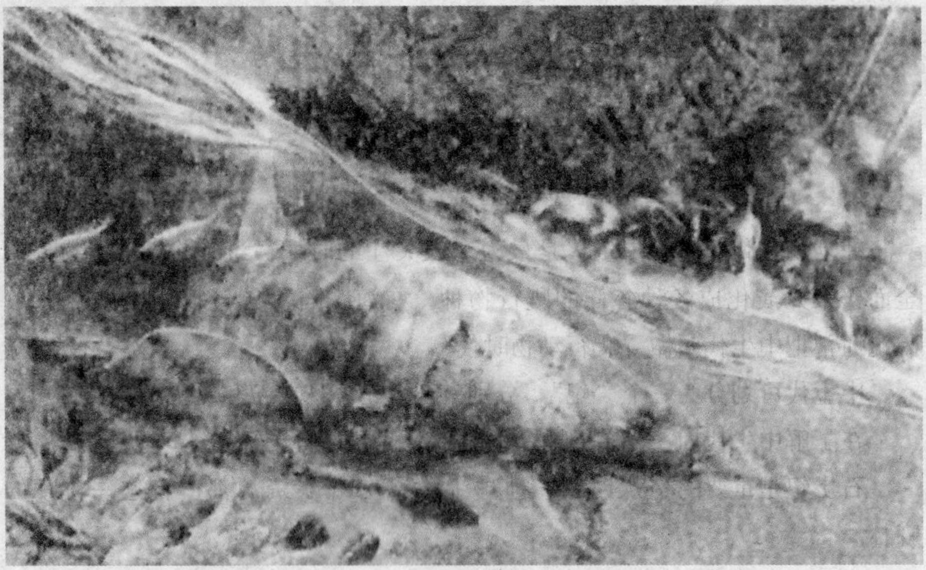

旋齿鲨

无脊椎动物衰退后，脊椎动物在二叠纪开始出现了，鱼类中软骨鱼类和硬骨鱼类等都有所进化。当时最巨型的海洋生物为旋齿鲨，最长可达 10～20 米，以鱼类、菊石及珊瑚为食，是名副其实的海中霸王。

二叠纪的两栖动物中，如迷齿类，有了很大的发展。爬行动物在这个时期开始辐射演化，主要有杯龙目、盘龙目和兽孔目。

自二叠纪开始以来，似哺乳爬行动物达到了鼎盛。在二叠纪开始，似哺乳爬行动物主要是盘龙类，如异齿龙曾是当时陆地上最凶猛的掠食者。二叠纪末期，十分接近哺乳动物的兽孔类成为陆地上的霸主，如有一种叫做巨兽的动物曾是当时体型最大的动物。

恐龙崛起

中生代是属于恐龙的。至今，好像没有任何一个时代能与恐龙时代相媲美。设想一下，在地球广袤的陆地上，不计其数的巨型恐龙在奔驰着，那是多么壮观的景象。

中生代的源头是三叠纪，但在这里必须先提到二叠纪。假设没有二叠纪的消亡事件，兴许就不会出现三叠纪的恐龙兴盛发展。

受到二叠纪生物灭绝的影响，直到进入三叠纪数百万年以后，地球上的生物才呈现出复苏状态。当时，陆地上最先繁盛起的是节肢动物，它们开始向多样化演变，蜘蛛、蝎子、马陆、蜈蚣等各类群体迅速发展起来。昆虫类种群也不甘示弱，奇奇怪怪的昆虫盘踞在地球的天空，它们劫后逃生，比以前更加繁荣，再也没有受到后来所发生的灭绝事件的影响，一直繁衍至今。幸运脱险的似哺乳类爬行动物也当仁不让，迅速发展起来，可惜的是，它们又逐渐被翼龙、鳄与恐龙的祖先——祖龙类所取代。

二叠纪时期灭绝的动物

生物的繁衍离不开生存空间，像恐龙这样的大型爬行动物，则需要非常广阔的空间。

三叠纪正好为恐龙提供了巨大的陆地空间。三叠纪时期的大陆是一个连在一起的超级大陆——“盘古大陆”，其中北部的陆地称为“劳拉西亚古陆”，大约是由现在的北美洲、欧洲及亚洲的大部分地区组成；南部的陆地称为“冈瓦那

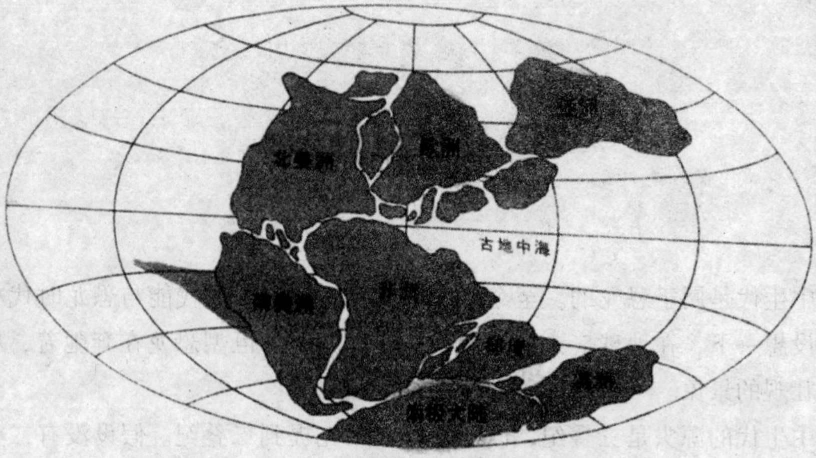

三叠纪盘古大陆

古陆”，主要是由现在的非洲、阿拉伯、印度、澳洲、南极洲及南美洲组成。陆地的中央圈起了一个广阔的海洋，称为“古地中海”，陆地以外的部分则是一望无垠的海洋。

盘古大陆上生活着多种多样的恐龙。

黑丘龙是一种十分庞大的原蜥脚类恐龙，它的头部很小，但四肢非常粗壮，尾巴很长。它之所以生长着庞大的身躯，是因为要防止天敌的侵害。

虚形龙这是最人们熟悉的恐龙之一，也称为“腔骨龙”，它的体型如大型鸟类一样瘦长，头部像鹳一样狭窄，颈部接近 S 型。如果这种恐龙生长出翅膀，跟巨型鸟类大致相同。与鸟类不同的是，它的皮肤上长满了鳞片，颚部长着牙齿，前肢长着三根指头。

虚形龙在恐龙中属于弱者，较大型的肉食恐龙随时对它们构成了威胁。好在虚形龙是群居生活，减少了来自天敌的袭击，但令人惊讶的是，当食物短缺时，虚形龙会残杀同类或吃掉自己幼小的后代。

槽齿龙是一种瘦小的恐龙，长着小脑袋、长脖子和长尾巴。它们大部分时间都用四肢走路，以生长在低处的植物为食，如果植物过高，它们也会用后腿站立起来去摘取食物。

优肢龙也被称为“有翅膀的蜥蜴”，但是它们根本没有翅膀。优肢龙一般体长 9 ~ 12 米，体重约 1.8 吨，尽管体型比较庞大，但却以植物为食。

南十字龙的化石标本发现于巴西南部南里约格朗德州的圣母玛利亚组地

层，以只有在南半球才可以看见的星座南十字星而得此名。

南十字龙是已知最古老的恐龙之一，它身长 2.1 米，尾长约 80 厘米。虽然体型看似很大，但它的体重只有约 30 公斤。

三叠纪优肢龙

以上在三叠纪时期是最重要的。虽然大多数种类的恐龙生活在陆地上，但也有在天空生活的恐龙——三叠纪中期的长尾翼龙。翼龙的出现，彻底打破了昆虫占据天空的时代。从此，无论在地球任何地方，恐龙都站食物链的顶端。

侏罗纪的动物世界

侏罗纪时期的海洋生物更加多样化，先前的大型水生生物伪龙类和板齿龙类都已消失，但鱼龙、蛇颈龙和短龙都生存了下来。

比较占优势的海洋生物还有海鳄类和硬骨鱼类，古老的鲨鱼也还在，只是早已不在海洋食物链的顶端。

足类软体动物，如菊石和很像乌贼的箭石，也很繁盛，成为海洋中的一大。

珊瑚类生物在此时已经大量繁衍，形成广阔的珊瑚礁，为海洋添加了一道美丽的景色。

双壳贝类生物也发展得很迅速，不过它们的生存状况不很好，因为它们的敌人，如长着大螯的龙虾、手劲奇大的海星和会在贝壳上钻小洞的海蜗牛都发展起来。

值得一提的是，在侏罗纪晚期，海洋中出现了一种长达 20 米的海怪——滑齿龙，它们扇动着四片巨型桨鳍，游动着庞大的躯体，威严地雄霸海洋。

滑齿龙的可怕之处还在于它的长颚里长满了尖锐的牙齿，它的一张，就如同一台吞噬机器，其他任何海洋生物都望而生畏，否则就死路一条。

侏罗纪时期的昆虫也更加多样化，陆地上的森林、湖泊和沼泽中，大概生活着 1000 多种昆虫。除早就出现的蜻蜓类、甲虫类和蟑螂类外，还有蛴螬类、树虱类、蝇类和蛀虫类，这些昆虫的后代绝大多数都延续至今。

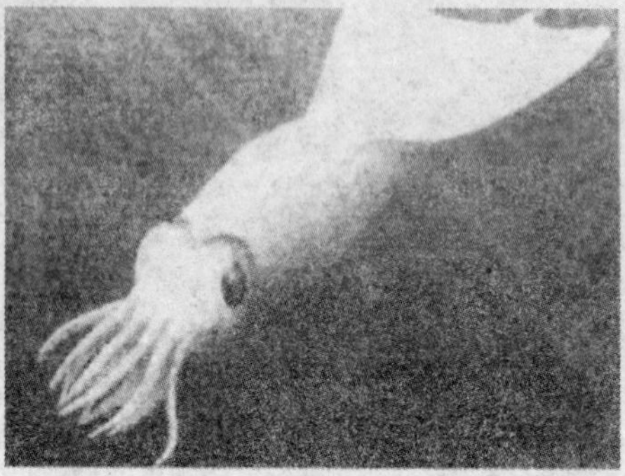

箭石

空中的生物不仅有挥舞着皮质翅膀的翼龙类，而且早期的鸟类——始祖鸟也开始争夺“生存空间”。始祖鸟拥有与小型兽脚类大致相同的骨骼、牙齿和爪子，但也有长羽毛的翅膀和尾巴，并能飞行。

中生代的生物是如此繁多，地球上呈现出一繁荣的景象，然而，约在6500万年前，又一次大规模的消亡事件出现了。

滑齿龙

灭绝事件毁灭了恐龙将近2亿年的霸业，同时还使空中与海中的大量动物遭受灭顶之灾。据推测，在这次灭绝事件中，地球上至少减少了1/2的物种。伴随着这次灭绝事件的消退，中生代也告一阶段，一个崭新的时代——新生代来临了。

可喜的是，一些哺乳类及鸟类在中生代的物种消亡事件中死里逃生，成为新生代陆空动物世界的主角。

地球上第一只鸟

本文讲述动物进化史中另一个重要事件——鸟类的诞生。这是动物进化上至关重要的演变之一，自此，爬行动物不再局限于陆地上，迎来了广阔的天空时代。

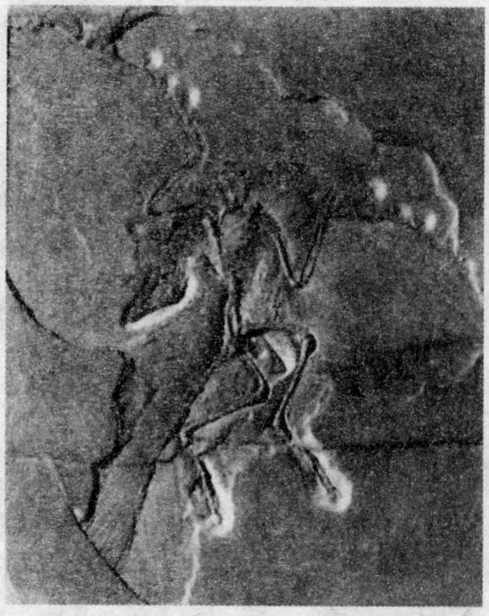
始祖鸟化石

你知道鸟类的祖先吗？它是始祖鸟。

1861 年，考古学家在德国巴伐利亚省的侏罗纪石灰岩中发现一具始祖鸟化石，它大小如乌鸦，嘴里长着牙齿，前肢三块掌骨彼此分离，指端有爪，有一条由 21 节尾椎组成的尾巴，骨骼内部尚未形成气窝。

由此看来，这只鸟跟爬行动物非常相似，但它不仅生长着羽毛，而且已经明显长出了初级飞羽、次级飞羽、尾羽和复羽，这些全都是今天的鸟类所具备的特征。

还有始祖鸟在一些骨骼形态上也存在鸟类特征，如它的第三掌骨与腕骨结合到了一起，但第二掌骨和第一掌骨则没有结合。科学家认为，始祖鸟的这种特征正反映了鸟类掌骨都愈合成腕掌骨的开始。

始祖鸟复原图

因为始祖鸟是在爬行类的特征基础上演变、发展起来的，所以人们将鸟类戏称是“美化了的爬行动物”。

那始祖鸟究竟由哪一类爬行动物演变而来的呢？对于这个问题答案，各有不同。

因为始祖鸟的骨骼结构与虚骨龙类中的食性兽脚类恐龙十分相似，所以有

长着羽毛的虚骨龙

人认为始祖鸟应该起源于虚骨龙类，并大胆推测如今的鸟类所具备的高代谢水平是从恐龙中延续而来的。

一些人认为，始祖鸟进化出羽毛，并不一定与飞行有关，这种现象在原始的兽脚类恐龙已经普遍存在。因此对于这个问题，目前还没有很确切的答案，但有一点可以肯定，始祖鸟完全可以在空中滑翔。但是，由于始祖鸟还存在着爬行动物的特征，它适应飞行的各方面构造并不完善，所以只限于在低空滑翔。

鸟类时代

孔子鸟

真正鸟类的出现与繁殖是在白垩纪时期，至今地球上的鸟类共分为三个亚纲：

（1）蜥鸟亚纲。由始祖鸟和反鸟组成的一支消失的单系类群，同时包括孔子鸟和华夏鸟，它们与现代鸟类的关系不近。

（2）反鸟亚纲。生活在白垩纪，口内残存牙齿的一类鸟，因其肩胛骨和鸟喙骨的连接方式与现代鸟类的相反，因而命名为反鸟类，代表品种属有中国鸟、华夏鸟、长翼鸟等。

（3）今鸟亚纲。是相对于蜥鸟亚纲而被建立的一个鸟类分类单元，包括晚白垩世的鱼鸟、黄昏鸟和所有现代鸟类的第祖宗。

几维鸟

如今地球上鸟类又可分为3个总目：

（1）平胸总目。是体型最大的一类鸟类，常在陆地上奔走生活。这类鸟仍旧保留着原始鸟类的特征，如羽翼退化，胸骨上没有龙骨突起，羽毛没有无羽区及裸区之分，羽枝上不能形成羽片。非洲鸵鸟和几维鸟是这类鸟的代表。

（2）企鹅总目。它是适于潜水生活的一类大型鸟，具有一系列适应潜水生活的特征，如前肢鳍状，趾间有蹼，皮下脂肪发达，体表上均匀分布着鳞片状羽毛。企鹅是这类鸟的代表。

企鹅

（3）突胸总目。地球上绝大多数鸟类都属于这一目，其特征是羽翼发达，善于飞翔，体表有羽区、裸区之分，胸骨上长有龙骨突起。该目又可细分为约 35 个目，共计约 8 500 种以上。

为了更容易地了解鸟类，鸟类可分为以下几类：

（1）游禽。一般将喜欢栖息于水中并在水中进食的鸟类称为游禽。游禽种类繁多，分布广泛，最常见的有天鹅、大雁、鸳鸯、海鸥等。大多数游禽的脚趾之间有蹼相连，善于游泳和潜水。它们最引人注目的特征是，其窝巢成平盘状，可浮在水面上，这就是游禽所特有的水面浮巢。

天鹅

（2）涉禽。通常将那些适于生活在沼泽和水边的鸟类称为涉禽，代表鸟类有鹭类、鹳类、鹤类和鹬类。涉禽的腿特别细长，颈和脚趾也较长，适于涉水行走，但不适合游泳。它们休息时往往用一只脚站立，而另一只脚则蜷缩在羽毛中。

鹳

（3）路禽。通常将适于在陆地上奔走及挖土寻食，擅长远距离飞行的鸟类称为路禽，主要代表有松鸡、马鸡、孔雀等。路禽大都体格强分健，翅膀尖圆，嘴短钝坚硬，腿和脚强壮有力。

（4）鸣禽。通常将善于鸣叫的鸟类称为鸣禽，主要代表有画眉、八哥、百灵、黄鹂、相思鸟、金丝雀、家燕等，约占世界鸟类的3/5。鸣禽的鸣声因性别和季节的不同而不同，繁殖季节的鸣声最为动听。

（5）攀禽。通常将善于攀缘树的鸟类称为攀禽，主要代表有翠鸟、杜鹃、啄木鸟等。攀禽的主要特征是，翅大多为圆形，不善飞行，脚大多短有力，趾型多为对趾足。

⑥猛禽：通常将体型巨大、外表凶猛、以肉为食的鸟类称为猛禽，主要代表有金雕、苍鹰、雀鹰、红隼等。猛禽性格凶猛，嘴爪锐利，翅膀强大有力，听觉、视觉非常敏锐，利于捕食。

进入哺乳动物时代

新生代始于约 6 700 万年前，延续至今。

自新生代起，地球上的各个大陆块发生了许多运动，如不断分裂、缓慢漂移、相撞结合，慢慢近似于现代的海、陆分布。

新生代初，海陆分布比现代大得多，大致地貌是，古地中海将古印度和古中国隔离，古土耳其和古波斯只是古地中海中的岛屿，这些陆块还没有与古欧亚大陆相连；红海也尚未形成，古阿拉伯半岛只是古非洲的一角；古南美洲和古北美洲并不像现在这样离得很近，古北美洲则与古欧亚大陆不远。

地貌逐渐发生变化，如在 5 000 万年前，印度陆地与亚洲陆地结合在了一起；在 200～300 万年前，喜马拉雅山脉逐渐形成，与此同时或者稍早，美洲开始形成落基山脉，而欧洲则开始形成阿尔卑斯山脉。

新生代分为第三纪和第四纪。第三纪又可分为古新世、始新世、渐新世、中新世和上新世，其中古新世、始新世和渐新世合称老第三纪，中新世和上新世合称新第三纪。第四纪可划分为更新世和全新世，延续至今。

新生代初，曾在中生代占主要地位的爬行动物退出历史舞台，哺乳动物

新生代陆地

不飞鸟

始祖象

粉墨登场，开始主宰地球，因此新生代也被称为“哺乳动物时代”。

任何物种的衰退与崛起都是有一个过程的，哺乳动物并非突然间就占据了统治地位，而是经历了一个比较漫长的演变时期。

在哺乳动物开始出现的时候，鸟类、真骨鱼和昆虫就曾与哺乳动物共分天下。

新生代的老第三纪古新世，陆地被一类特别巨大的鸟类——不飞鸟所占据，海洋中则到处是巨大的孔虫。

那时，哺乳动物崭露头角，但演化迅速，衍生出多种类群，包括很多现在已经消失的物种，如踝节目、钝脚目、恐角目、裂齿目、肉齿目和奇蹄目的早期种类雷兽，另外还有古兽、跑犀和两栖犀等；很多现代哺乳动物的祖先当时已出现，如始祖马、始祖象等。

到了老第三纪始新世，哺乳动物适应了地球环境，进而演化出了多种类群，进入了最繁荣时期。

新生代的哺乳动物

新生代开始诞生的哺乳动物中，最占统治地位的类群当属踝节目。据科学家推测，踝节目可能始于原真兽类，是有蹄类中最原始、最普通化的类群。正因为普通，这一目成为很多其他动物类群的祖先。

踝节目多数为植食性或杂食性动物，也有一些特殊的肉食性动物，其最早的代表是产生于古新世早期的熊犬科。熊犬是一种小型杂食动物，在恐龙时代就已经出现，它可能是其他有蹄类动物的祖先。

踝节目中最重要的是中兽科，这一科很可能是鲸类的祖先或者和鲸类有着共同的祖先，并与偶蹄类动物有一定的亲缘关系。

中兽科动物体型相差很大，小在的豺那么大，而大的则有现在的熊那么大。特别引起注意的是，中兽科中有些种类的体型十分巨大，如安氏中兽。

安氏中兽是陆地上生存过的体型最大的肉食哺乳动物，它的面部很长，颧骨宽阔膨大，体长可达 5 米，体重可达 1 500 公斤。

除了熊犬科和中兽科之外，踝节目动物还包括新月兽科、双阱兽科、伪齿兽科、褶边兽科和豕齿兽科。它们多为植食性动物以后进化成有蹄类。

新生代早期的原始有蹄类，还包括钝脚目和恐角目。这两个类群主要分布于北方大陆，都生长着比较发达的犬齿，在原始有蹄类中占优势地位。

钝脚目也叫全齿目，分布范围比较广泛，种类很多。在新生代老第三纪古新世早期，钝脚目最显著的代表是阶齿兽，这种动物的体型很小，形态原始，生长着适于在树上生活的爪子。而新生代老第三纪

安氏中兽

始新世晚期，钝脚目最突出的代表是冠齿兽，这种动物体型粗壮，犬齿大而尖锐。

冠齿兽

恐角目是从古新世晚期的踝节类动物中分化出来的，它的代表是犹他兽。在中国古动物馆的哺乳类展厅中，陈列着一具犹他兽的头骨，它体积巨大、脑部非常小，长着 3 对的角，嘴里则有匕首状的犬齿。这就是犹他兽。

裂齿目和纽齿目是新生代早期的植食性动物。

裂齿目属于有蹄类，却没有长着蹄，而是长着爪，可能起源于踝节目，并和钝脚目有一定亲缘关系。它们的大小跟熊差不多，如我国的罗佛寨兽。

纽齿目也是有蹄类动物，头部长而窄，犬齿和门齿均长，身体粗壮而四肢短小，尾巴很发达。它们跟猪一般大小，如笔齿兽。

裂齿目和纽齿目都是适应挖掘生活的植食性动物，以挖掘植物的根为食。

肉齿目又称古食肉目，也是新生代早期哺乳动物有蹄类中非常重要的一目。肉齿目和食肉目有一定的亲缘关系，早在白垩纪时期就已经出现，在古新世和始新世达到了兴盛时期，它的代表有鬣齿兽。

肉齿目和食肉目曾共同生存在一起，在食肉目开始繁盛后，肉齿目逐渐消亡。

鬣齿兽一直生存在中新世，其早期的成员和食虫类十分相似，而后期则有些种类体大如熊。

从白垩纪晚期到新生代早期，哺乳动物中还出现了其他一些小型的目，如兽目和近猴目等。这些目的动物特征比较原始，跟现代树鼩有些相似，一通常小型的虫类为食。

到了新第三纪，海洋中的大型动物孔虫走向了灭亡，六射珊瑚开始迅速发展很快，形成了很多大型珊瑚礁；陆地上的哺乳动物进入了发展的最繁荣时期。那时候的地表出现了很多大草原，以禾草为食的哺乳动物迅猛发展，如各种犀牛和古象成为草原上的领军者，此外，森林中还出现了各种古猿。

第三纪结束后就是第四纪，第四纪一直延续至今，哺乳动物也随之延续了下来。

二、动物进化之最

陆地上最大的动物

象是当今在陆地上生活的最大动物。在陆地生活的大型动物，还有长颈鹿，身长约4米，高可达5.8米，但除去脖子，就只有3.3米了。另一种大型动物是犀牛，身长3.75米，高2.25米，也不及大象。

大象是生活在陆地上最大的哺乳动物。有非洲象和亚洲象。非洲象有着大大的、松软的耳朵，主要居住在非洲草原，而亚洲象的耳朵要小些，主要分布在印度、斯里兰卡、泰国、缅甸和我国云南等地。

大象食量很大，一头成年大象一日约需吃300公斤的食物。它们主要以树叶、果实、树枝、竹子等为主食。大象有着很大的力气，能很容易地推倒大树，即使是最凶猛的狮子，有时也怕它三分。象的智商很高，会使用人类听不懂的声音互相联络，现在已知的有5种。天气炎热时，象的两片大耳朵可以用来当作扇子来散热。生气时，大象也会张开耳朵愤怒地舞动。象牙不但是摄取食物的工具，也是和敌人战斗时的武器。象鼻子的嗅觉非常灵敏。鼻子没有骨骼，是由强壮的肌肉组成，非常有力。鼻子的前端很灵活，可以握住细小的东西。象脚的前脚为4趾，后脚为3趾（亚洲象前脚为5趾，后脚为4趾）。跷脚时，脚后根就成了肉垫。

亚洲大象很重，一头的重量足足有一台“解放牌”汽车重。但是，亚洲象在世界陆地上还不是最大的动物，非洲大象才是陆地上最大的动物。

亚洲象

一头非洲雄性大象，长到15岁左右的时候，它的身长就达到了8米以上，身高达到4米上下，体重达到7~8吨。有记录的一只最大的公象，于1955年11月13日在安哥拉的麦柯索西北方遭射杀。死后这

非洲大象

只死象侧躺在地上，勾划出的轮廓，从肩的最高点至脚底，长度为3.95米，这标志它站立时的高度一定有近3.7米；从鼻端至尾端约有10米之长，最大的体围为5.9米；体重估计为10吨以上。1959年3月6日，这只象的标本被放在华盛顿斯密生博物馆的圆台上展出。

非洲大象同亚洲大象相比，不仅尺寸大、身体重，而且不论雄象、雌象都有象牙；耳朵既大且圆；睡觉的姿势，不像亚洲象站着睡，而是卧着睡；非洲大象出生以后，哺乳期大约为两年；长到12~15岁时，才是“婚配”的年龄；24~26岁时才停止生长。

在陆地上的哺乳动物中，大象的怀孕期是比较长的，1.5~2年才能生下小象。这小象一落地，就有1米高，200斤重。在自然界里，象的繁殖率比较低，大约要相隔五六年的时间才生育一次。它们能活多长时间呢？在正常的情况下，其寿命可达60岁，有的可活到100岁的高龄。

非洲大象喜欢群居，一般是20~30头为一群，多者可达百头。这些大象生活在一起，活动有一定的区域，有一定的路线，不乱跑乱走；出去找食，一般是在早、晚时间。它们活动的时候，为了保护幼象，排成长长的大队：成年的雄象走在前领头；幼象走在中间；成年的母象走在队伍的后头。在陆地上的哺乳动物中，大象的嗅觉也是最灵敏的，比得上犬。但是，它比犬聪明，能帮助人类做更多的事。

雌、雄象都长有两个很长的大牙，雄象大牙有3米多长，100公斤重。象鼻能够捕卷食物，也作为攻击和自卫的武器，有时为了保护幼象免受敌害，母象常用鼻子卷起幼象逃跑。一些蚊蝇、小虫常要在大象身上打扰，靠一根短小的尾巴甩来甩去，蚊蝇根本不在乎，所以大象还需用自己的鼻子去赶散虫子。象鼻的卷力非常，能够拔起一棵树。

据记载，大象还有它们自己的“坟墓”。当一头老象快死的时候，一些年壮的象，就把它搀扶到“墓地”。老象见到“墓地”，便凄然地倒下去。这时，它的后代用锋利的牙挖出一个很大的墓坡，把老象的尸体埋葬。

世界上最大的动物

生活在海洋中蓝鲸是现今世界上最大的动物。一头成年蓝鲸的身长可达30米，体重超过150吨，有一架波音喷气式飞机那么大；其心脏大得好似一辆小轿车，舌头上可以同时站立50个人。当它浮出水面呼吸时，喷出的水柱至少有9米高。

现今蓝鲸的最大体长为33米，体重190吨。从一条长27.2米、重122吨的蓝鲸身上，可以获得鲸肉55吨，鲸油25吨，鲸骨22.5吨，舌头3吨，肠1.6吨，肝950公斤，肺1500公斤，肾500公斤，胃400公斤，其他10吨。单是鲸肉一项，就抵得上800头肥猪，若用载重5吨的卡车拉，需20多辆。

蓝鲸的力量也是无以伦比的。一头大鲸的功率可达1700马力，可与一辆火车头的力量相衡。它能将功率为800马力的船在倒开的情况下，以每小时4~7海里的速度拉上几个小时。蓝鲸以大海为家，不畏严寒，酷暑，往返穿梭于各大洋中。

鲸是怎样呼吸的呢？鲸是哺乳动物而不是鱼，它们没有鳃，是用肺来呼吸的。鲸的“鼻孔”叫做喷水孔，都长在头顶上。有些鲸只有一个喷水孔，但例如蓝鲸，则有两个喷水孔。和人类不同的是，鲸类呼吸是“随意”的。就是说，它们呼吸是自主选择。这对鲸类非常重要，因为它们无法在水下呼吸，每隔几分钟就要浮出水面一次，喷出气水混合物，再吸入新鲜空气。

蓝鲸

鲸和人类一样，也有肚脐。它们像所有哺乳动物那样生儿育女，哺育幼崽。肚脐是脐带留下的印记。像所有鲸类一样，蓝鲸是热血动物，用乳汁哺育小鲸。蓝鲸的乳

蓝鲸

汁，据说味道很像鱼、肝、氧化镁乳液和蓖麻油的混合物，一头鲸宝宝每天要吃190升乳汁。等到鲸宝宝长到六个月时，它们就可以捕食了。

虽然蓝鲸是世界上最大的动物，它们的主食却是比自己小1000倍的鳞虾。为了获得足够的能量，一头成年的蓝鲸，一天要吃掉4000万只鳞虾，大约有4~6吨重。为了填饱肚子，蓝鲸总是张开大嘴，一口吞进50吨的海水，然后迫使海水通过一个好像梳子的栅板，将水过滤出去，留下美味的鳞虾。这个巨大的栅板叫做鲸须。鲸须的质地跟人类的指甲相似。

鲸类都有惊人的适应能力，这对于它们在海洋里的生存十分有益。鲸类假若真的睡了，它们就会被淹死。鲸类睡眠和人类大不一样，在洋面附近打几个盹，就算睡过觉了。鲸的身体里有厚厚的鲸脂层，所以，即使在寒冷的水域中，也能保持体温。

人类已经了解了不少有关鲸的知识，而且每天都有更多的新发现。我们知道蓝鲸常常从觅食的极地水域，迁移到气候温和的温暖水域，并在那里生儿育女。可是，没有人明白，蓝鲸究竟是如何走完这么长的路程的？或许它们具有识别地球磁场方向的能力，以此作为自己的导航系统。或许它们也是用眼睛来认路，不过蓝鲸的视力可不怎么好。有些科学家认为，蓝鲸可能是利用声音来感知周围的地形，因为它们总是发出非常响亮的声音。声波碰到障碍物后折回，蓝鲸接收到返回的声波，准确地识别方向或发现目标。这种确定方位的方法叫做回声定位。

也有人认为，蓝鲸的歌声是用来与其他鲸类进行交流或寻求伴侣的。如果你在海上，幸运听到一种奇妙的“喀哒”声，别忘了，那正是鲸在唱歌。

世界上最大的史前动物

恐龙是目前已知最大的史前动物。恐龙是中生代最活跃、最繁盛的一类爬行动物，自三叠纪中期出现以后一直生存到白垩纪末灭绝，在地球上生活了将近1亿7千万年，在其生存的整个历史时期，它们几乎统治了世界，雄霸了各大陆上的生态区，成了中生代的“统治者”。所以，中生代亦称“恐龙时代”。

中生代是地球历史上最值得关注的时代，脊椎动物全面繁荣并出现了一些最让人类无从知晓的物种。爬行动物在海、陆、空都占据主导地位，因此中生代亦被称为“爬行动物时代”、“恐龙时代”。中生代可划分为三叠纪，侏罗纪和白垩纪。恐龙自2亿3千万年前左右三叠纪中期出现到6500万年前白垩纪末期灭绝，共经历了将近1亿7千万年的时间，是在地球上生活过的最为成功的物种之一。

恐龙与其他灭绝爬行类的最大不同在于它们的站立姿态和行进方式。恐龙具有全然直立的姿势，其四肢构建在其身体的正下方，而其他爬行类动物四肢是向外伸展的。恐龙四肢的直立结构比其他爬行类利于奔走。

目前全球已发现的恐龙大约有300属、500多个种。中国已记载和定名的约有100种。

欧文创建了恐龙这一术语后，直到1872年，西勒整理当时已积累的资料，从恐龙腰带的构造着眼，发现该类动物间存在很大不同，将之划分为两个目：蜥臀目、鸟臀目。前者腰带为三射型，后者为四射型结构。西勒这一理论被普遍接受，尽管目一级以下的分类单元不断有所更改，但目一级分类是较稳定的。

巴克等人认为恐龙为内温动物，提倡新的恐龙纲，将鸟类划入恐龙纲。虽然近年来的发现和研究基本证明鸟类是由恐龙的演化而来的，但具体的系统划分还需要进一步讨论和深入的探讨。

陆地的生物死亡后，身躯通常会消失，或被腐蚀性动物吃掉，或因细菌而腐烂，也有因为风化而分解，但化石是该项通则的例外：死亡已久的生物遗骸，被沉积物所掩盖，因而逃过毁灭的结局。当这些遗骸上面的沉积物硬化成厚厚的岩层时，遗骸也会变化成化石。岩层中的某些部分有时会隆起或受到风化，因而露出隐藏其中的化石。

能够成为化石的恐龙百万只中不超过一只，而目前已出土的又可能只占其中的少数。骨骼和牙齿的化石是我们了解恐龙生活的主要线索，另外还有形成化石的足迹、排遗、蛋，以及史前植物的残骸。

传统对恐龙的研究，只限于对恐龙化石的描述和简单的讨论。今天的恐龙学不单纯是对化石本身的研究，它还包括了古生物学、复原学、环境学、进化学、生理学等多方面的知识，成为了研究恐龙及其与之相关的一系列问题的交叉学科。

人们通过对恐龙的了解，不仅可以学到很多有关生物学、地质学的知识，还可以通过恐龙演化、地史变迁来了解人类在自然界中的位置，了解环境保护和保持生物多样性的重要价值。

1. 最大的恐龙

至今，我们所发现的身材最大的恐龙是震龙，它的身长有 39 ~ 52 米，身高可以达到 18 米，体重达到 130 吨，也就是说，2 ~ 3 条震龙头尾相接地站在一起，就可以从足球场的这个大门排到另一个大门。而如此重量的庞然大物如果在原野上行走的话，它那巨脚每一次踩到地面都会使大地发生颤抖，就像地震一样。这就是“震龙”一名的含义。

震龙生活的时代是大约 1 亿 6 千 2 百万年到 1 亿 3 千 6 百万年前的侏罗纪晚期。在动物分类学上，它属于蜥臀目、蜥脚亚目、梁龙科。除了震龙之外，当时生活在地球上的身体巨大的蜥脚亚目（一般称为蜥脚类）恐龙还包括梁龙科的梁龙（身长 26 米）、雷龙（身长 21 米，体重 25 吨）、超龙（身长 42 米，肩部高 5. 19 米，臀部高 4. 58 米）、马门溪龙（身长 22 米）以及腕龙科的腕龙（身长 25 米，体重 30 ~ 50 吨），等等。

这些巨大的恐龙都是以植物为食，高大的身躯和长长的脖子使得它们可以吃到高树上的叶子。如此巨大的身材必需特别多的食物，但是这些恐龙却全都长了一个不大的脑袋和不大的嘴，怎么来摄入那么大的食量呢？科学家推测，马门溪龙一天要用 23 个小时的时间来进食。这恐怕也是世界之最了。

2. 最后灭绝的恐龙

作为一个大的动物家族，恐龙主宰了世界长达1亿多年。但是，就恐龙家族内部而言，不同的种类并不全都是同生同息，有些种类只出现在三叠纪，有些种类只生存在侏罗纪，而有些种类则只出现在白垩纪。对于某些“长命”的类群来说，也只能是跨过时代的界限，没有一种恐龙能够从1亿4千万年前的三叠纪晚期一直生活到6千5百万年前的白垩纪之末。

也就是说，在恐龙家族的历史上，它们本身也经历了不断演化发展的过程。有些恐龙先出现，有些恐龙后出现；同样，有些恐龙先灭绝，也有些恐龙后灭绝。

那么，最后灭绝的恐龙是哪些呢？显然，那些一直生活到了6千500万年前大绝灭前的“最后一刻”的恐龙就是最后灭绝的恐龙。它们包括了许多种。其中，素食的恐龙有三角龙、肿头龙、爱德蒙托龙，等等；而肉食恐龙则有霸王龙和锯齿龙等。

3. 最有名的霸王龙事件

1992年5月14日，美国西部希尔城的黑山研究所警察查封了保存在这里的一具世界上最大、最完整的霸王龙化石标本。望着将近10吨重的化石骨架和围岩以及有关的野外记录和照片被这50几个人统统打包装箱，研究所的工作人员一个个惊呆了。这些警官和警卫人员足足用了两天多才完成这一繁重的工作，然后将这些“罪证”运到南达科他州矿业技术学校，保存在那里的保险库里。古生物化石作为犯罪证据被查封，这在全世界是第一次；而且，被查封的还是被誉为“霸王龙之王”的极其珍贵的完整化石骨架，因此这一事件引起了当时新闻界和广大公众的兴趣。

震龙

事情的起因要追溯到两年前。1990年，有人在南达科他州的切奇河西奥克斯印第安部落保留地里发现了一些恐龙化石露出的痕迹。为了发掘这些化石，黑山研究所支付了5000美元给这片土地的所有者、印

三角龙

第安牧场主威廉先生，取得了在那里进行发掘并拥有所有发现物的许可。

但是，有一件关键事他并不知，那就是威廉先生出于经济利益，已经在几年前把这块土地交给联邦印第安事务署托管了。根据美国法律，如果印第安人将他们的财产交给联邦政府托管，他们就可以享受免税。但同时这就预示着，他要想出售这片土地下面的宝贝，就必须得到联邦有关机构的许可。

威廉先生没有将这一切告诉黑山研究所，也没有去办理有关的手续。黑山研究所则糊糊涂涂地开始了发掘工作。他们的工作倒是非常成效，发掘出了至今世界上最大、最完整的一具霸王龙骨架，并为它取名为“苏”。

研究得出，“苏”生活在6500万年前的白垩纪晚期，活着的时候身长有12.49米，身高达5.48米。如此珍贵的标本不仅有极高的展览价值，而且具有重要的科研价值。因此，黑山研究所的总裁拉森先生作出了信心十足的计划，一方面准备和几位古生物学家合作来研究这具骨架；另一方面准备在希尔城专门建设一座博物馆，用来展览这个“霸王龙之王”。

可就在这时，威廉先生却突然向法庭起诉，声称黑山研究所无权拥有“苏”。在一系列研究计划中，有关霸王龙雌雄两性差异的研究尤为重要。在“苏”被发现之前不久，黑山研究所刚刚从南达科他州的布法罗村附近发掘出来了一条巨型霸王龙，取名为“斯坦”。拉森先生声称，他已经从“斯坦”和“苏”身上发现了雌雄霸王龙之间的差异。就在“苏”被查封的时候，拉森先生还在仔细地研究着它与“斯坦”之间的异同，准备撰写一篇判别恐龙性别的科学论文。“苏”的被查封，以及后来发生的旷日持久的法律纠纷，使这些意义重大的科学研究被迫停止了。

霸王龙标本

经过长达4年之久的法律诉讼，

法庭最终判决，霸王龙之王“苏”归印第安农场主威廉所有，但是他必须保证，永远不能出售这件珍贵的大自然遗产。威廉先生则表示，欢迎有关的科学家到他那里来研究这举世闻名的霸王龙标本。

4. 热极一时的恐龙蛋

一说恐龙蛋，人们并不陌生。前几年在我国河南西峡地区发现了大量的恐龙蛋，许多还被化石贩子走私到国外；更有甚者，一些学者还声称从其中的一枚蛋里提取出了恐龙的DNA。一瞬间，恐龙蛋成了各种报刊、各地的电视台和广播电台竞相炒作的话题。

河南西峡的恐龙蛋确实引起了学术界和社会的极大热议。其发现的化石遍及西峡县以及相邻的内乡县和淅川县的15个乡镇、57个村。在西峡、内乡两个县的3个乡镇、4个村，还发现了恐龙骨骼化石。恐龙蛋和恐龙骨骼化石的覆盖面积达8578平方公里，发掘出的恐龙蛋超过5000多枚。数量之大的发现在世界上确实惊人。这些恐龙蛋及恐龙骨骼化石的发现，不仅为研究恐龙及恐龙蛋的分类提供了依据，而且为进一步了解恐龙的繁殖方式，研究古地理、古气候、古地貌、古生态环境以及地层学和埋藏学提供了大量的宝贵证据。

从恐龙蛋里提取出了恐龙DNA的报告却在一开始就引起了许多科学家的怀疑。据说，提取出恐龙DNA的这枚蛋在一次搬运时不小心摔破了，结果发现蛋壳内的物质是柔软的絮状物，而不是一般恐龙蛋内部那种由泥岩或砂岩构成的坚硬物质。因此，有关人士就认为这种柔软的絮状物是原来恐龙蛋里的蛋黄、蛋青等有机物没有完全分解而形成的产物。据此，他们就在一间原来用于生物化学实验的实验室里进行了提取工作，提取出了某种DNA的片段。然后，他们用这种DNA片段与一些已知动植物的DNA进行了比照，根据对比结果的不同而宣布，他们提取出了某种恐龙的DNA。

让许多学者怀疑的是，那些“柔软的絮状物”是蛋黄、蛋青等有机物没有完全分解而形成的产物吗？要知道，恐龙蛋在地下埋藏了至少已经6500万年的时间，而从西峡地区的地质状况来看，埋藏恐龙蛋化石的地层均为泥岩或粉砂岩，并没有能够有效保护有机质免于分解的客观因素，因此，这么长的时间里，恐龙蛋中原来的有机质早已分解殆尽，而蛋壳内的物质，则在这漫长的岁月里经置换作用而充满了与周围的埋藏环境一样的矿物，而且，已经石化。那絮状物很可能是地层中常见方解石矿物在蛋壳内结晶出的晶体。

恐龙蛋

如果你到北京动物园西面不远处的中国古动物馆，在二楼展可以看到一枚剖开的恐龙蛋，它的内部因为完全被方解石晶体填充而显得晶莹剔透。而那枚蛋之所以“柔软”，则很可能是在埋藏在地下时经历了地下水的浸湿，或者是在出土后被水或潮湿的环境湿润所致。既然这枚蛋可能遭到过水的浸蚀，而且已经破碎，那么被含有某种DNA成分的有机质沾染的可能性就是很大的。至于提取者用这种DNA片段与一些已知动植物的DNA进行了对比，根据对比结果而宣布提取出的是某种恐龙的DNA，结论也不可靠，因为，只有你将这种DNA片段与所有的已知生物进行了对比而结果不同，你才能说它属于某种已经灭绝的或是还没有被发现的生物。而离这一目标，这方面的工作还差很远。

有些科学家把那段所谓的“恐龙DNA片段”与更多种生物的DNA比照，发现其序列竟然与某种低等的藻类植物相类似。

现在，“恐龙DNA”事件在科学界已经烟消云散了。但是正常的恐龙蛋研究依然在不断地进行。科学家利用电子显微镜等现代化的仪器对恐龙蛋的蛋壳进行了超微观的观察以及化学分析研究，知道恐龙蛋壳中大约93%的成分是碳酸钙，由一层有机质基层和一层方解石质构成。这种双层结构与现代鸟类的蛋壳相似，能够有效地保护蛋内的水分不使蒸发，从而保护蛋中的胚胎能够正常发育。由此可见，恐龙在当时可以在十分干燥的环境里繁殖后代。

5. 世界上最长的恐龙足迹

20世纪90年代，一个由美国丹佛科罗拉多大学恐龙足迹专家马丁·洛克莱教授率领的古生物考察队在位于土库曼斯坦和乌兹别克斯坦边境上的一片泥滩上，发现了至今所发现的世界上最长的恐龙足迹化石。其中，有5串足迹都比过去在葡萄牙发现的延伸了147米的世界最长恐龙足迹还要长，其长度分别为184米、195米、226米、262米和311米。

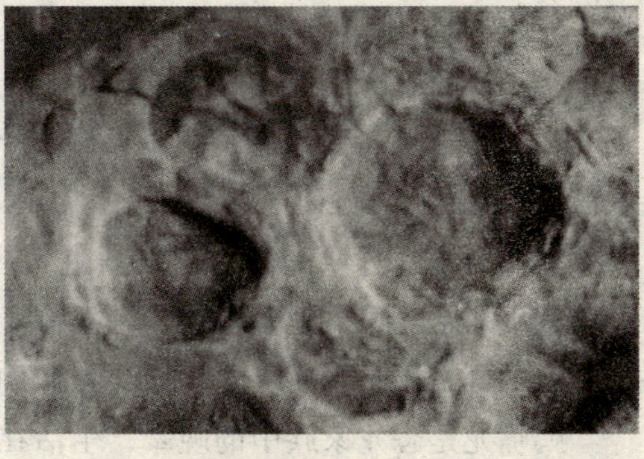
恐龙足迹放大图

这些足迹是由20多条巨齿龙留下的。巨齿龙是一种与霸王龙相似的食肉恐龙，但是它们生活在距今1亿5千5百万年前的侏罗纪晚期，那个时候霸王龙还没有出现呢。

新发现的足迹与过去在北美洲和欧洲发现的巨齿龙的足迹十分相似，说明在侏罗纪晚期的时候巨齿龙的分布很广泛。

每个足印的大小与霸王龙的足印差不多，有60多厘米长。足印还显示其足后跟比较长。足迹显示的跨步长度表明，这些巨齿龙的身体只比一般身长在12.2米左右的霸王龙略微小一点。像所有的肉食恐龙一样，巨齿龙的足迹显示它的一只脚的足印并不落在另一只脚的前面，而是在左右足印之间有90多厘米宽的间距。科学家据此推测，巨齿龙很可能像鸭子那样左右摇摆地走路。

6. 最早被命名的中国恐龙

中国的恐龙化石发现地遍及东西南北。云南、四川、山东、内蒙、新疆等地都以出土了大量的恐龙化石而名声大振。与这些恐龙大省相比，黑龙江简直有点儿不值一提了。可是你知道吗？中国最早被科学地命名的恐龙化石却正是发现在黑龙江省、黑龙江畔的一个小渔村附近，这个小渔村就是嘉荫县的渔亮子。

由于黑龙江水的长期侵蚀，沿江两岸的地层不断地被剥蚀，里面埋藏的恐龙化石就不断地被冲刷出来，暴露在江边的河滩上。当地的渔民发现了这些化石后十分惊奇，因为他们从来没有见过这么粗大的动物骨骼。消息不胫而走，被当时俄国军官听到了，就前来调查并采集化石。最初，俄国人把这些大化石骨头误认为是猛犸象，而且在俄国伯力地方报纸上作了报道。俄国地质学家被这一报道所吸引，从1915～1917年连续到我国进行了三年

中国辽宁鹦鹉嘴龙

的大规模考察和发掘，采集到一批恐龙化石。他们把采到的化石进行了修理，并配上 1/3 的石膏模型，把这些化石装架起来，陈列到彼得堡地质博物馆里。研究得出，这是一种鸭嘴龙，高 4.5 米，长约 8 米，俄国地质学家把它命名为满洲龙。

嘉荫出土的这些满洲龙化石颜色大多是深褐色或黑色，埋藏在砾岩中，石化程度非常高，质地坚硬，黝黑发亮。造成这种状况的原因很可能是由于含化石的砾石层是含油层位，所以是地下的石油长期浸泡化石的而导致的。

鸭嘴龙是恐龙家族中的晚辈，生活在白垩纪晚期，是一类以植物为食的素食恐龙。它们那两条巨大的后腿与长长的尾巴构成一个类似于三脚架的装置，足以支撑其笨重的躯体。它们前肢短小，自由地悬在身体上部，可以用来抓取树上的枝叶。它那高昂的头上长着一张扁平的鸭子似的嘴，嘴里长着数百颗小牙齿。这些牙齿呈棱柱形，牙根细长，一层层地镶嵌排列着。当上层牙齿磨蚀殆尽，下层的牙齿就长上来补充。因此，鸭嘴龙就有了能够自我修复和更新零件的用于研磨粗纤维性食物的器官，这也许正是它们特别适应于白垩纪晚期的生态环境的原因。因为，到了白垩纪晚期的时候，地球上柔软的蕨类植物已经走向衰退，而多粗纤维的、较硬的裸子植物和被子植物已经开始成了地球植被中的主要类群。

嘉荫县不仅出土了属于鸭嘴龙的满洲龙化石，还出土了似鸟龙化石和大量的植物化石。对这一生物群落的研究和分析得出，现在如此寒冷的黑龙江畔在 6500 万年前的白垩纪晚期气候与现代的海南岛差不多。

可惜的是，中国出土的第一条被科学命名的恐龙并没有被珍藏在中国。好在，20 世纪 70 年代以来，我国地质学工作者和古生物学家在那条恐龙的附近又找到了新的恐龙化石地点，发掘出了一批新的满洲龙化石。这些化石现在陈列在黑龙江省博物馆、中国地质大学博物馆等科普场所里，正在向观众讲述着 6500 万年前的故事。

世界上最大的恐龙筑巢地

古生物学家在位于欧洲比利牛斯山脉南部的西班牙境内，于距今大约6千5百万年至7千万年前的白垩纪晚期海滨沉积物中发现了大量的恐龙骨骼化石碎片和恐龙蛋化石。由于化石数量太多了，甚至于没有人能够估计到底有多少。马德里自治大学的古生物学家约瑟桑兹教授考察了这一地区一块面积达9平方公里的古海岸的化石，发现这是一个巨大的恐龙筑巢地。如此大规模的恐龙筑巢地是世界上至今所知道的最大的了。

桑兹教授对埋藏在砂岩中的那些未经触动的骨骼化石碎片和蛋化石进行抽样调查后发现，在一块将近1万立方米的砂岩中竟然埋藏有30万个恐龙蛋化石。

在实验室里对这些恐龙蛋进行的电子显微镜观察发现，蛋壳中那些为胚胎提供氧气的微细的气孔与鸟类的不一样，这证明了其恐龙蛋的身份。

桑兹在野外，还发现了一些很可能是幼年恐龙的骨骼碎片。同时，还发现了24个保存十分完整的蛋巢化石，每个蛋巢里面有1～7枚直径大约为20厘米的圆形蛋，它们不规则地排列在蛋巢之中。这种排列方式的蛋巢与过去发现的其他恐龙蛋巢一点都不一样，比如科学家曾经在蒙古发现的恐龙蛋巢中的蛋呈规则的螺旋状排列。

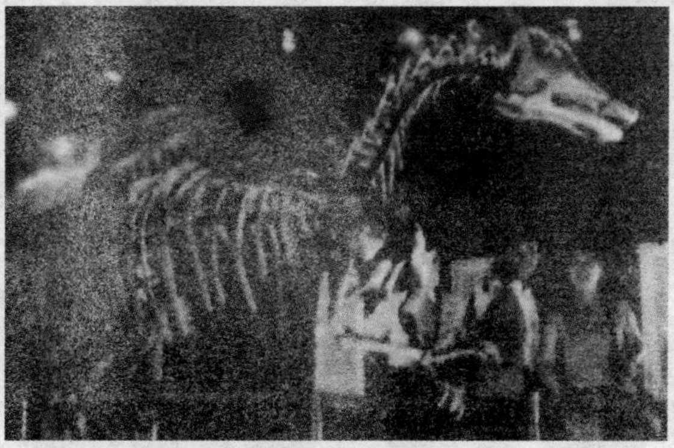

恐龙骨架化石

距离地表仅1米上下的恐龙蛋巢保存得都很良好，因此桑兹认为，来到这个群聚地的“新移民”肯定没有践踏以前来到这里筑巢的恐龙留下的蛋巢，这才导致了这种显得拥挤的状况——蛋巢在砂岩中彼此的相隔一般都不到1米。桑兹根据这些情况估计，当时恐龙肯定是喜欢这个地区，到了每年的繁殖季节都要来到这里产蛋以繁殖后代。

令桑兹感到可惜的是，他还不能鉴定出在这个地区产蛋的恐龙的属种，因为他单单发现了一些十分残破的骨骼化石，还不足以提供能够鉴定出恐龙属种的充分证据。

不过这个世界上最大的恐龙筑巢地还是为科学家提供了许多其他的信息。例如，因为这是科学家首次发现的恐龙可能喜欢在海边筑巢的证据。恐龙喜欢在海边筑巢的爱好很可能是因为海边柔软的泥沙能够保护产下的蛋，防止其破碎。过去，科学家曾经从海洋沉积物中发现过幼年恐龙的骨骼，但是那很可能是被水冲进大海的恐龙个体形成的化石。而西班牙发现的这些海滨沉积物中保存的蛋巢化石是恐龙在海边筑巢行为的第一个勿庸置疑的证据。

海拔最高处的哺乳动物

西藏高山草原特有的牛种牦牛，主要分布在喜马拉雅山脉和青藏高原。牦牛全身一般呈黑褐色，身体两侧和胸、腹、尾毛长而密，四肢短而健壮。牦牛生长在海拔3000～5000米的高寒地区，能耐零下30℃～40℃的严寒，最高能爬6400米高的冰川。它是世界上生活在海拔最高处的哺乳动物。

早在第4纪全球大冰川蔓延时期，野牦牛的祖先曾分布到中国华北、内蒙古及欧亚地区的北部。世界气候变暖后，野牦牛的后裔开始在寒冷的青藏高原生活。

野牦牛四季生活的地方不一样：冬季聚集到湖滨平原，夏秋到高原的雪线附近交配繁殖。野牦牛性情凶猛，人们敬而远之，触怒了它，会以10倍的牛劲猛冲上来，甚至把汽车撞翻。中国牦牛占世界总数的85%，其中多数生长在西藏高原。

西藏高原牦牛主要分布：青海省南、北部的高寒地区。该牦牛由于混有野牦牛的遗传基因，因此带有野牦牛的特性，结构紧凑，黑褐色占72%，嘴唇、目眶周围和背线处短毛，多为灰白色或污白色。头大，角粗，母牛头小，额宽，有角鬐甲高长而宽，前躯发达，后躯较差，乳房小，成碗碟状，乳头短小。成年公牛体高为129厘米，母牛为111厘米，体重分别为440公斤和260公斤。成年阉牛屠宰率为53%，净肉率为43%。泌乳期一般150天，年产奶为274公斤，日产奶1.4～1.7公斤，乳脂率为6.4%～7.2%。成年牦牛产毛为1.2～2.6公斤，粗毛和绒毛各半，粗毛直径65～73微米，两型毛直径38～39微米，绒毛直径17～20微米。粗毛长18.3～34厘米，绒毛长4.7～5.5厘米。驮重为50～100公

牦牛

斤，最大驮重为304公斤。公牛2岁便性成熟，母牛为2~2.5岁，繁殖成活率为60%，一年一胎占60%，双犊率为3%。

牦牛不仅是高原牧区的主要家畜之一，而长久以来都是雪域高原的驮载工具，向有“高原之舟”的美称。全世界现有1400多万条牦牛，其中85%以上都繁衍生息在中国青藏高原及周围3000米以上的高寒地区。

牦牛除了可以驮载外，其肉可食，其乳可饮，其毛皮可用，牛粪既是肥料又能当柴薪。从牦牛奶中提取的酥油，是高原地区人们的主要食用油。牦牛皮质地坚韧、光滑耐磨。牦牛绒可纺成上等牛绒线。牛毛捻成的绳子非常有弹力和光泽，结实耐用，可以做成帐篷用来御寒，至今这些帐篷仍是牧民们重要的住舍。牦牛尾巴制成的毛掸蓬松耐用，拂尘力强，特别是白色的尾巴更为珍贵。

牦牛全身都是宝。藏族人民衣食住行烧耕都离不开它。人们喝牦牛奶，吃牦牛肉，烧牦牛粪。它的毛可做衣服或帐篷，皮是制革的好材料。牦牛素有“高原之舟”之称。它既可用于农耕，又可在高原作运输工具。牦牛还有识途的本领，善走险路和沼泽地，并能避开陷阱择路而行，可作旅游者的前导它是高原人民不可缺少的朋友。

和人类亲缘关系最近的动物

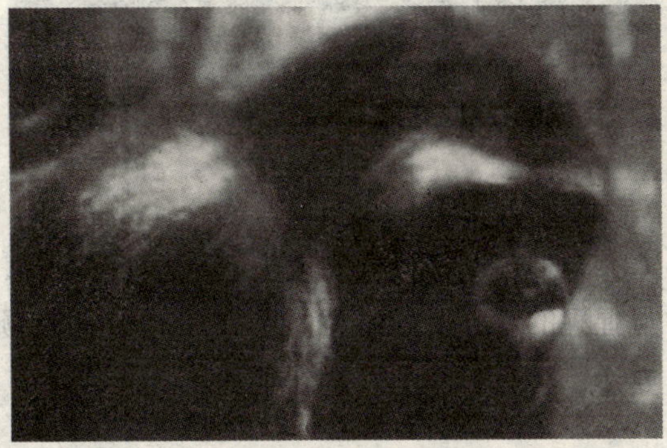
黑猩猩特写

与人类亲缘关系最近的动物是非洲大陆的黑猩猩是地球上。据推测，人类与黑猩猩是在800~1000万年前分道扬镳。近期证实，黑猩猩与人类的DNA差异大约只有2%，亲缘关系甚至比同在非洲大陆生活、在形态上与它们更为接近的大猩猩还要近。

黑猩猩重约70公斤，毛色乌黑，耳大，突向头侧，眉骨高，两目深陷。成小群，常下地活动，能直立在地上行走，晚间在树上筑巢过夜，杂食，分布于中部非洲和西部非洲炎热而潮湿的森林中。

黑猩猩属灵长目类人猿科哺乳动物，身高12~14米，体重50~75公斤。在形态上，比猩猩和大猩猩都小。全身黑毛，头较圆，耳朵大，鼻子小，眉骨高，眼窝深，嘴巴宽，唇长而薄。臂长过膝，走路时手脚并用，看上去有些笨拙，在树上却是非常灵巧。黑猩猩的力气很大，一个雄黑猩猩完全可以招架三个赤手的小伙子。

在野生动物中，只有黑猩猩才具有以下三种特点："聚合、分裂"型社会、地盘性和雌性异系交配。如果比较熟悉人类学或者对那些原始人比较有研究的话，那么，我们可以了解人类社会早期是如何生活的。原始人的生活结构和黑猩猩很相似。多年后当我们坐在电脑前冲浪的时候，黑猩猩还是保持着它原先的生活方式。

另外还有一种矮小黑猩猩，分布在非洲西海岸经刚果河到非洲东部的一条狭长地带。矮小黑猩猩的身体各个部分都比黑猩猩要短小，而且表现出更为显著的原始特征。有的研究者认为矮小黑猩猩是现存的类人猿中与它们的

黑猩猩

共同祖先最为接近的一种猿类。

在动物世界里面同类相残一般都是为了权力，都是为了保持自己的统治地位。同人类社会一样，猩猩同样遵循着胜者为王的规则，这似乎是由动物的本性所导致的。

黑猩猩的社会阶层和人类十分相似。它们的社会里面，不仅有权力之分，而且也会像人类一样定期举行首领选举的活动。这主要是为了两件事情：一是为了博得母猩猩的欢心，另外就是为了争得最高首领的地位。有趣的是，它们还使奸要诈、会钩心斗角以达到胜利。

世界上最大的猴子

生活在非洲的黑土地上的狒狒是最大型的猴子，体重达到 55～60 公斤，长有 90 厘米。它们生活是成群地，每群一般有 20～60 只，有时最多可达 200 多只。在成群的狒狒中有一只年龄较大、身体强壮和经验丰富的雄性狒狒领导，其他狒狒都听它指挥。狒狒的头脑一般比其他动物较聪明，懂得用石头或木头当做武器去和敌人战斗，成群的狒狒是十分团结的，一般动物不敢欺负它们。

狒狒鼻吻长似狗，体格魁梧，红鼻蓝脸，面部肉色。它们都是成功的地栖种类，甚至晚上也难得上树隐蔽，而宁愿在峭壁悬岩集成大群过夜。拂拂喜群体生活，常常有超过 200 头的。

狒狒与非洲地栖的赤猴相对比，前者高声呼叫，由几只领头雄猴控制群内相互间的吵闹、粗暴和侵犯。而赤猴通常保持“沉默”，这种成小群活动的猴子，有一套温柔的呼叫声，猴群之间和睦相处。赤猴是猴子中跑得最快的种类，时速可达 55 公里。它们的四肢延长，趾短，第一指、趾缩小，掌、足垫发达，明显适于奔驰的类似羚羊的猴子，过着平静的生活方式，通常靠它的奔跑速度来逃避侵袭。而群内频繁吵闹和不能快速奔跑的拂拂群，依靠它富有战斗力的领头公猴去对付敌人。

狒狒属于濒于灭绝的珍稀动物。根据科学研究发现，由喜欢聚堆交流的雌狒狒生育和培养的孩子，其生存率非常高。

狒狒头领

一只名叫布鲁迪的狒狒在狒群中很受欢迎。每当这只狒狒出现在众伙伴中间时，大家都会自动侧立，并竖起尾巴来向它致意。尽管布鲁迪相貌普通，但它却在众狒狒中盛

狒狒嬉戏

气凌人。在整整 23 年间，布鲁迪共与配偶生育 11 个孩子，其中健康存活了 8 个。

而有些群体中的动物就不存在这种和谐、团结的关系。譬如海狸，就是不喜欢群聚的独来独往。海狸之间除非亲眷，否则在伙伴们相互接近时还会以突袭的方式向对方发出。有一只海狸 18 年间生 12 只小海狸，而能生存的仅为 4 只。

美国加利福尼亚州立大学洛森塞尔斯学院的西尔克教授、迪克大学的阿尔巴茨教授和普林斯顿大学的阿尔特曼教授，自 1984 ~ 1999 年，对生活在肯尼亚安波塞里国家公园里的 108 只雌狒狒，进行了长达 15 年的悉心观察。他们发现喜欢聚堆的雌狒狒，每天要花 1/10 的时间来聚会碰面。本来，狒狒们可以利用这些时间和体力去采集食物、侦察情况、喂养子女或培养子女的生存本能等等。但它们没有这样做。“或许动物之间已经愈来愈需要社会性接触，因为它们最清楚适者生存的法则，或许它们已愈来愈清醒地意识到，为了使自己家族更好的繁衍下去，加强群体间的交流，是防止血缘断绝最好的手段”。他们还发现那些喜欢聚堆的雌狒狒的生育死亡率，要比那些不善于交往的雌狒狒的生育死亡率低得多，狒狒之间的交流、碰面、聚会，不单单是在消磨时光，对家族的繁荣也有益处。

最小的猴子

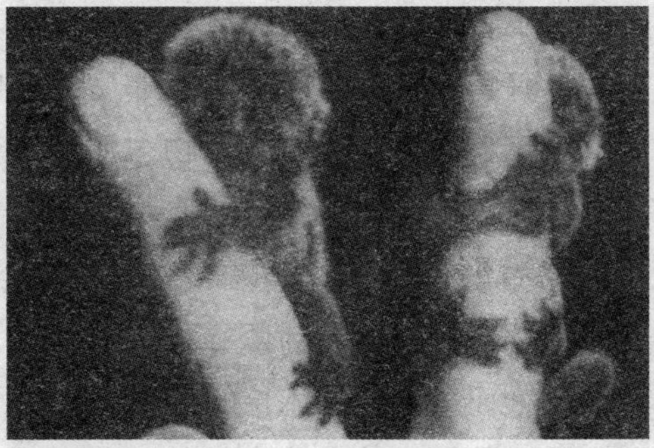

狨猴

在南美亚马孙河流域的森林中，就生活着这样一种世界上最小的猴子——狨猴，又称指猴。这种猴长大后身高仅 10～12 厘米，重 80～100 克。新生猴只有蚕豆般大小，重 13 克。

这种猴子喜欢捉虱子吃，且生性温顺，因此饲养它们便成为当地印第安人的嗜好。

狨猴又名有绢毛猴，有普通狨、银狨、倭狨、棉顶狨之分。

狨科有 3 属 35 种之多，是产于中南美洲的小型低等猿类，特点是体小尾长，尾不具有缠绕性，头圆、无颊囊、鼻孔侧向。母猴妊娠期为 146（140～150）天，性成熟为 14 个月，有月经，性周期为 16 天。交配不受季节限制，可以在笼内人工繁殖，每胎 1～3 仔，双胎率约为 80%。主要用于生殖生理、避孕药物研究和甲型肝炎病毒和寄生虫病的研究。

最原始的哺乳动物

鸭嘴兽是最原始的哺乳动物，成兽身上长毛，体腔内有膈，母体腹面有乳腺，仔兽靠母体哺乳长大，非常符合哺乳动物用乳汁哺育幼仔的习惯。然而，鸭嘴兽并不符合哺乳动物“胎生”这个重要特征，它还是像爬行类、鸟类那样产卵孵化幼仔，成了独一无二的卵生哺乳动物。

鸭嘴兽身长0.5米左右，体外被有柔软的褐色密毛。吻部扁平，形似鸭嘴，嘴内有宽的角质牙龈，但没有牙齿。四肢各有五趾，趾间连有薄膜似的蹼。尾大而扁平，占体长的1/4，在水里游泳时起着舵的作用。

鸭嘴兽是一种十分奇特的动物，母体虽然也分泌乳汁哺育幼仔成长，但却不是胎生而是卵生。即由母体产卵，靠母体的温度孵化。母体没有乳房和乳头，在腹部两侧分泌乳汁，幼仔就伏在母兽腹部上舔食。鸭嘴兽能潜泳，常把“住所”造在沼泽或河流的岸边，洞口开在水下。取食时潜入水底，用嘴捕捉泥里的贝类、蠕虫及甲壳类小动物。

到了繁殖期，成年鸭嘴兽会在河岸上用前脚上的宽指甲挖一个洞。洞大约有30米长，里面有一个或多个小巢。雌鸭嘴兽会产下2只或3只软壳蛋，10天后幼仔被孵化出来。从这以后，它们的行为就越来越像哺乳动物了：幼鸭嘴兽吃母亲的奶，直到它们长大离开洞穴。

鸭嘴兽

鸭嘴兽是肉食动物，捕食昆虫和其他一些生活在流动的小溪与河底的小动物。在水下，鸭嘴兽闭上眼睛，用它那柔软而敏感的嘴在泥浆里寻找食物。鸭嘴兽游泳能手，用前肢蹼足划水，靠后肢掌握方向。鸭嘴兽是用毒液自卫的哺乳动物之一。在雄性鸭嘴兽的膝盖背面有一根空心的刺，在用后肢向敌人猛戳时它会放出毒液。

鸭嘴兽

鸭嘴兽分布于澳大利亚和塔斯马尼亚。属半水栖生活，为淡水中的捕食动物。体重在0.6～2.1公斤之间，周身披有密毛，腹毛多绒。眼及耳位于皮肤皱褶处，当沉入水中时，皮褶紧闭，可以阻挡水的进入。足上有蹼，而且有爪，既利于游泳又利于挖洞。

在行走或挖掘时，蹼反方向褶于掌部。雄性踝部有长约2.5厘米的角质距，与毒腺相连。人若受鸭嘴兽刺伤数月才能恢复。脑颅与针鼹相比较小，大脑呈半球状，光滑无回。幼体有齿，但成体牙床无齿，而由能不断生长的角质板所代替，板的前方咬合面形成许多隆起的横脊，用以压碎贝类、螺类等软体动物的贝壳，或剁碎其他食物；后方角质板呈平面状，与板相对的扁平小舌有辅助的咀嚼作用。栖于多种水环境，包括山涧、死水或污浊的河流，湖泊和池塘，是水底觅食者。每次大约有1分钟潜水期，捕食水生有壳动物、昆虫幼虫及其他多种动物性食物和植物。它在岸上挖洞作为住所，洞穴与毗连的水域相通。

鸭嘴兽分布在澳大利亚南部及塔斯马尼亚岛，是现存最原始的哺乳动物，是形成高等哺乳动物的进化环节，在动物进化上有很大的科学研究意义。

鸭嘴兽在学术研究上有非常重要意义，但因追求标本和珍贵毛皮，多年滥捕而使种群严重衰退，曾一度面临绝灭的危险。澳大利亚政府已制定法规保护鸭嘴兽。

冬眠时间最长的动物

在冬季万物凋零，动物食物非常贫乏，许多动物为了适应这种恶劣的环境，蜷曲洞内渡过这漫长的日子，这就是冬眠。冬眠时，它不吃不喝也不动，呼吸几乎停止，身体变得僵硬，这时候外界的任何动静都不能够吵醒它们。动物在进入冬眠期之前，寻找食物，吃得饱饱的，养得胖胖的，为冬眠做好准备。

动物的冬眠期各不相同，有长有短。冬眠时间最长的动物是睡鼠，一年中有5~6个月在酣睡。从10月到4月的处于冬眠状态。据报道，英国有一只睡鼠竟酣睡了6个月23天，这是世界上冬眠最长的动物了。

睡鼠的形象曾在英国著名童话《艾丽丝漫游奇遇记》里的一场疯狂茶会中出现，成为世界儿童非常熟悉的动物。正如童话所描述的那样，白天的大多数时间里睡鼠都在睡觉，所以参与这项搜寻活动的人不易找到它们，只能通过寻找睡鼠啃食过的榛子等坚果来摸索。

睡鼠的样子很像松鼠，四肢短小，小小的身体拖着一条多毛的尾巴，一般生活在森林或灌木丛中，平时以树木等植物的干果和种子为食。

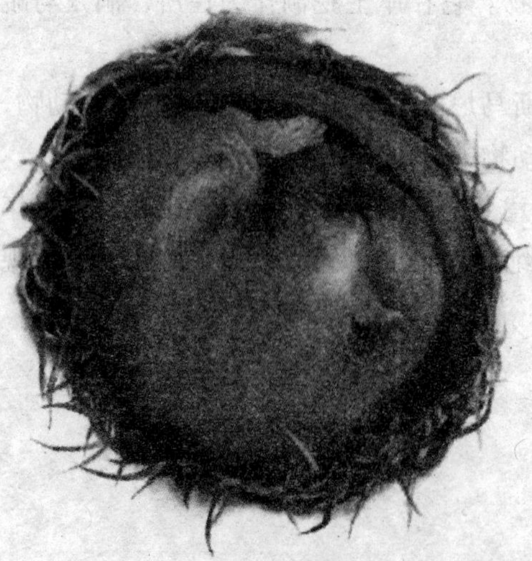

正在睡觉的睡鼠

睡鼠在形态与构造上，介于鼠科与松鼠之间，它们的共同特点是，身体小（60 ~ 190 毫米长）、前肢短、眼睛大、耳朵大而圆、尾巴多毛、有长须、无盲肠。它们是树栖类动物，都数筑巢在树洞中。白天在树洞或丛林中睡觉，晚上外出觅食。主要吃浆果、坚果、谷粒等物，偶尔也吃一点虫类。

睡鼠共有 28 种，其中最小的生长在非洲、亚洲和欧洲。睡鼠们

睡鼠

食量很大，通常睡鼠的体重在时序入秋时，大约介于15～22克；但是在冬季来临正式进入冬眠前，睡鼠体重会急速上升至25～40克重。体内预存的脂肪和能量让睡鼠在睡眠中安然渡过漫长严冬；当来年春天来临，体重又会回复到初秋时的正常体重。

睡鼠的寿命只有5年，它们生命中有3/4的时间都在睡觉，所以无论是小睡鼠，还是睡鼠妈妈，都必须在最短的时间里储备充足的脂肪，以维持冬眠生命所需的能量。

动物保护专家说，睡鼠因善于爬树，喜在树枝上跳跃，又被称为“跳跃之王”。睡鼠通常生活在落叶阔叶树林或灌木丛中，由于这些栖息地遭到人为破坏，英国许多地区已找不到睡鼠的踪影。

最凶狠的鸟

加州秃鹰的翅膀张开后有 3 米宽，是北美洲最大的鸟类。美国的秃鹰是世界上最凶悍的鸟，体长 1.2 米，习性凶猛残暴。几十只秃鹰同食一头牛，3 个小时就可以吃完；一头骡子吃光要不了两个小时。

这种秃鹰是北美一种有着黑色的身体和翅膀，白色的头和尾巴。在 1782 年这种鹰被设计为美国国家的象征。在那个时候这种鹰大概有 9000 只。他们长得很美丽，爪子桔黄色。

秃鹰生活在北美，在山区，可以看见他们的家。它们吃鱼，所以常常在水边捕鱼，它们是捕鱼高手，窝一般是由泥和嫩枝做成的。

一个世纪以来，加州秃鹰的数量从 600 只减少到 200 只。像 DDT 之类的杀虫剂严重破坏着猎鹰的生活环境，许多的鸟类，也包括猎鹰遭受着这种伤害。DDT 是猎鹰的最大生存威胁。农夫们将 DDT 喷洒在农作物上。这些 DDT 将流入水里而使鱼有毒。秃鹰吃这些有毒的鱼，致使得秃鹰也走向灭绝。秃鹰现在的生活环境令人担忧。

人们将秃鹰圈起来使它们存活下来，不至于走向消亡。另外一些解决方法是通过更加严酷的法律，禁止偷猎秃鹰、使用化学农药。人们呼吁他们也一起参与保护秃鹰。

正在巢中孵卵的秃鹰伉俪

美国的动物保护人员，为了保护濒临灭绝的加州秃鹰，人们说是煞费苦心，他们为了人工来帮忙这些野生的秃鹰孵蛋，还特别制作了“假秃鹰蛋”来冒充，以免被这些秃鹰妈妈知道。

洛杉机动物园和联邦的保护动物官员合作，在 1995 年

秃鹰

把人工养殖的三只秃鹰，野放到国家公园，并且追踪观察。不久前，母秃鹰终于下了两颗蛋，为了安全起见，他们决定用人工孵育，也用陶土做了假蛋，放回秃鹰的窝。然后保育人员，把真蛋放进秃鹰的窝。几天后，小秃鹰终于孵出来了，这是17年来，第一次非人工养殖的秃鹰诞生，意义重大，秃鹰的保护工作，进入新的阶段。

最耐寒的鸟

企鹅是世界上最耐寒的鸟类。生活在南半球，飞翔能力完全退化。

南极洲是一片神奇的大陆，它终年覆盖着厚厚的冰雪。只有沿海7%左右的陆地在夏季露出岩石。南极洲是一个冰封的世界，冰层的平均厚度约2公里。科学家指出，南极洲的总体量是2867.2万立方公里，占世界总冰量的90%，因此，很多人称南极是地球上的冰库。在这一望无际的冰原上，气候条件极其恶劣。每年的4～10月是南极的冬天，这时沿海地区的平均温度-20℃～0℃，在内陆达到-40℃～-70℃。1960年8月24日，南极洲某地的气温曾达到-88.3℃，创下世界气温最低记录。即使在夏季，南极洲沿海地区平均气温也只有0℃，内陆的平均气温是-20℃～-30℃，这是一个风雪漫天的夏天，企鹅就生活在这极其寒冷的环境中。

企鹅为了对抗极度的寒冷，它们聚集成堆靠在一起，避免体温散失。雌企鹅把蛋保护在双脚间，并藏在孵鳍下。企鹅的肌肉在零下30摄氏度的酷寒中，仍能有很好地控制孵化温度。雄企鹅急着要孵蛋，但雌企鹅却恋恋不舍，最后雌企鹅态度软化，迅速把蛋交给雄企鹅。从这时起，雄企鹅开始守夜，而雌企鹅必须远赴海洋寻找食物。

8月，在无尽的寒冷中，企鹅卵经过9个星期，终于孵化出新生命。雄企鹅在4个月的绝食期间，只靠吃雪来维持体内的水分。虽然雄企鹅都饥饿难耐，但却以嗉囊内的油脂分泌物来喂食小企鹅。等到小企鹅长到3个月的时候，羽翼渐丰，开始能够离开父母的怀抱。气温下降，小企鹅也会挤在一起取暖，这是企鹅传统的生存本能。企鹅能在地球上环境最恶劣的地方生存并繁衍下一代，它们无疑是这块白色荒漠上的贵族。

企鹅

企鹅是潜水生活的鸟类：企鹅的身体结构为适应潜水生活而发生很大变化，

其翅进化成潜水时极有用的鳍状翅。企鹅的骨胳不像其他鸟的骨胳那样轻。同其他飞翔能力退化的鸟类不同，企鹅胸骨发达而有龙骨突起，相应地，企鹅的胸肌很发达，它们的鳍翅可以很有力地划水。企鹅的体型是流线型，它跟海豚十分相似。它们的后肢只有三个脚趾发达，“大拇趾”退化，趾间生有适于划水的蹼，游泳时，企鹅的脚有舵的作用。

企鹅

企鹅的羽毛跟其他鸟类不同，羽轴偏宽，羽片狭窄，羽毛均匀而密实地着生在体表，如同鳞片一样。这样结构使企鹅潜水游泳时划一次水便能游得很远，耗费的能量很少，效率很高。据科学家们观察，企鹅的游泳速度可以达到每小时 10 ~ 15 公里，在水下潜游半分钟不换气。它们还常常在水中跳跃，所以很多人把企鹅说成是“在水中飞行的鸟”。

企鹅在逃避天敌时，常常跳出水面，每次跳出水面可在空中“滑翔”1 米多。有时也会跳上浮冰躲避天敌。鸟类学家的研究还发现一个有趣的事，不会飞的企鹅跟最善飞的信天翁有共同的祖先，它们都有角质片构成的嘴，而大多数鸟类的嘴都是由完整的角质鞘构成的。经过无数世代的进化，企鹅变成鸟类中的“潜水艇”，而信天翁则变成了“滑翔机”。据化石记载，企鹅在始新世时种类繁多：当时，全球气候温暖，南极洲有茂密的森林，动物资源非常丰富。随着气候变冷，企鹅的种类慢慢变少，有的已经消失。

目前全世界生存的企鹅共有 15 种。其中，除了加拉帕戈斯企鹅生活在赤道附近的加拉帕戈斯群岛及附近海域外，其他企鹅都分布在气候较寒冷的海滨。在人们的记忆中，企鹅好像全部生活在异常寒冷的南极，而实际上，它们中的大多数只是在亚南极水域的岛屿上繁殖，冬季在非洲南部、澳大利亚、新西兰和南美洲较寒冷的海域越冬。只有阿德利企鹅和帝企鹅栖息在南极本土，但阿德利企鹅在冬季也往北方迁移，在不封冻的土中觅食。

企鹅的耐寒本领在鸟类中可以说是无与伦比的，所以它们常常作为冷的榜样被画在冷藏车上，在炎热的夏季给人带来凉爽的联想，同时也使人们了解了企鹅。企鹅长期以来被人们视为南极的象征，随着人类对南极逐渐深入的考察和开发，企鹅的秘密陆续地被揭示出来。

最古老的毛颚动物化石

中科院南京地质古生物研究所陈均远教授和他的学生黄迪颖在云南昆明附近发现了迄今最古老的毛颚动物化石，这一发现为现代生物多样性在寒武纪早期就形成这一科学假设提供了新的依据。

自1984年发掘以来，云南昆明附近和澄江等地的动物化石群研究已经取得了很多重要成果，这里为揭示寒武纪生命大爆发事件，即为生命起源和早期生命演化研究提供了绝无仅有的科学平台，从而引起了国内外的普遍关注。

这次在昆明海口寒武纪早期地层发现的毛颚化石标本非常完整，2.5厘米长，包括头、躯干和尾，头区外边缘具许多镰刀状颚刺，口边缘是小型齿状构造，躯干前端有一对头罩的肌痕，具侧鳍，形态和大小均与现生箭虫类同。这种相似性表明，在5亿多年漫长的岁月里，生命树这一孤枝形态上几乎没有发生什么重要的变化。有趣的是它在头部和尾部均具有肌丁质的表皮，这一特征也可与现生箭虫类进行对比。

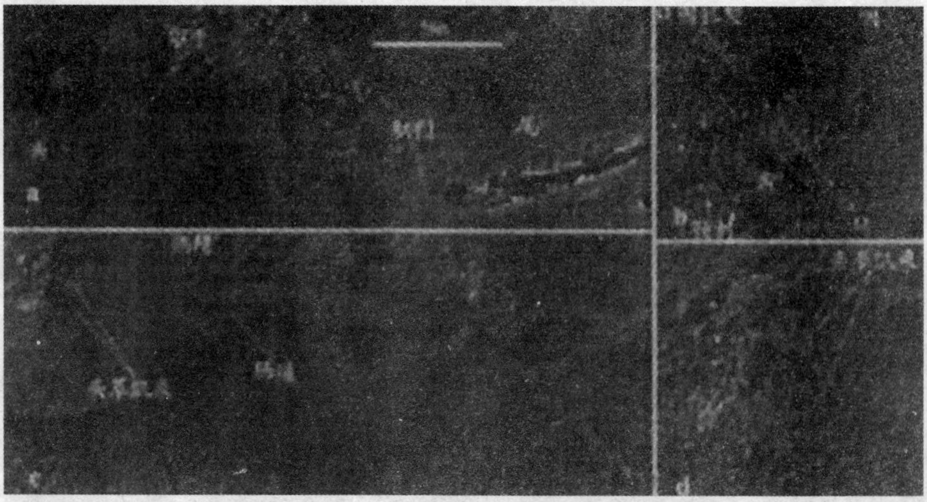

最古老毛颚动物化石

据悉，毛颚动物为自由游泳的食肉性海生动物，只有数厘米长，最大只有15厘米。毛颚又称箭虫，它是生命树中十分奇怪的一个主分支。毛颚动物是现生动物35个门中的一个门，尽管它只有120种，但在海洋生态系统中扮演着非常重要的角色。之前的毛颚化石仅发现于石炭纪，比这次发现的晚了2亿年。

毛颚类体制与众不同，它三分的躯体和胚胎的分裂方式与包括脊椎动物在内的后口动物相似，但体腔的起源方式则与另一动物类别即原口动物相似。关于毛颚类基本体制，尤其是早期发育方式为何会这样奇怪的原因，至今还无法回答。

最早的鸟

“始祖鸟”是世界上最早的鸟。迄今已发现了6个个体化石，而且保存完好。

始祖鸟出现于晚侏罗纪，距今1亿多年了。自1861年发现第一个化石标本，至今只发现于德国巴伐利亚索伦霍芬附近的印板石灰岩中。当时，这里是一个热带浅水珊瑚礁泻湖，始祖鸟一不小心跌落在水中，保存为化石。由于这里的石灰岩质地致密细腻，适于石印材料，因此成为一个采矿坑。

首个标本在1861年于坑深20米处采到，骨架完全，羽毛非常好看，形象逼真，前翼有爪的残留，尾椎骨很长，嘴内长有牙齿，因此证明爬行类向鸟类进化的过渡性质，成为生物进化史的难得的实例和辩证唯物主义的好证据。

有关鸟类的进化，有观点认为，鸟最早是用四个翅膀滑翔的，只是后来才进化成骨骼轻巧、拍动双翼的飞行高手，如今天所见。这一理论最近得到了对始祖鸟化石最新研究结果的支持。研究表明，始祖鸟的背和腿如翅膀一样，也长有长羽毛。

始祖鸟化石在鸟类化石中最有名，这次研究使用的是人类最早在140年前发现的始祖鸟化石，如今保存在德国柏林洪堡博物馆。据英国《新科学家》杂志网站近日报道，丹麦哥本哈根大学动物学家佩尔·克里斯蒂安森和哥本哈根地质研究所古生物学家尼尔斯·邦德经标本分析认为，始祖鸟在背、腿以及可能在脖底处长有廓羽，而且这些廓羽与现代鸟类类同。两位科学家的分析结论证实了此前关于这只始祖鸟后腿长有羽毛的判断。

始祖鸟化石

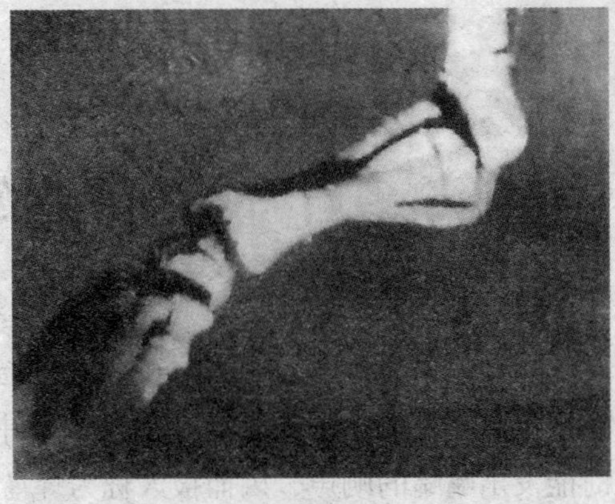
始祖鸟脚骨

2003年10月，加拿大卡尔加里大学的一位研究生在《新科学家》杂志上发表论文，称柏林始祖鸟的腿长有3～5厘米长的羽毛，并认为这些羽毛太短不能用于飞翔，可能是始祖鸟的祖先有四个翅膀，这些羽毛是其后翼的残留物。

2003年年初在中国辽西出土的小型食肉恐龙化石也有力地论证了最原始鸟类使用四翼滑翔的看法。这一被称为“顾氏小盗龙”的恐龙化石，其四肢均覆盖有飞行用的羽毛。

顾氏小盗龙的出现晚于始祖鸟2000万年，是现知与鸟类关系极为密切的最古老两脚食肉恐龙。克里斯蒂安森指出，其实，始祖鸟除了长臂，其余骨骼不是与鸟类而是与小型食肉恐龙类似。

从顾氏小盗龙的发现和对始祖鸟腿上羽毛的研究，两位丹麦科学家还得出结论说，与飞行有关的进化过程是从羽毛开始的，而使鸟强壮善飞的那些骨骼上的变化，如鸟类典型的肩关节、有力的腕关节、短背和短尾，都是后来逐渐发生的。《新科学家》网站说，美国康涅狄格州大学的鸟类进化专家阿兰·布拉什也同意这一看法。

鸟类化石极其少有，要解决有关鸟类进化的问题需要发现和研究更多的化石。当今，始祖鸟化石仍然是已知最古老的带有羽毛的恐龙化石。全世界发现的6具始祖鸟化石中，只有3具身体上存有羽毛，而其中1具已遗失。

最小的鸟

蜂鸟是世界上最小的鸟类，大小和蜜蜂差不多，身体长度不过5厘米，体重仅2克左右，主要分布在南美洲和中美洲的森林地带。由于它飞行采蜜时能发出嗡嗡的响声，因而被人称为蜂鸟。

蜂鸟种类繁多，全世界约有300余种蜂鸟，其中大多数生活在南美洲热带雨林。蜂鸟有3种飞行绝技：倒退飞行、垂直上升和下降、停留在空中原“地”不动。

蜂鸟羽毛也有黑、绿、黄等十几种颜色，非常好看，所以有“神鸟”、“彗星”、“森林女神”和“花冠”等美称。蜂鸟身体娇小，羽毛华丽，具有非凡的飞行本领。它的翅膀十分灵巧，每秒钟能振动50~70次，飞行的速度很快，时速可达50公里，高度有四五公里，人们常常只闻其声不见其影。蜂鸟在草木繁茂的季节外出觅食，以吃花蜜和小昆虫为生。

蜂鸟在树枝上造窝，鸟窝精细别致，是用丝状物编织而成的，就像悬挂在树枝上的一只精巧的小酒杯。雌性蜂鸟每次产卵一两枚，只有豆粒般大小，每枚重量仅0.5克，大约200个蜂鸟蛋才有一个普通鸡蛋那么大。鸟卵孵化期为14~19天。小蜂鸟出生约20天后，就能自己觅食，开始野外独立的生活。

蜂鸟是怎样飞行并在空中悬停的？70年前，鸟类学家在野外用高速摄影机拍摄了大量蜂鸟飞行的影片，再用正常速度放映，蜂鸟的飞行动作便被放慢。从这些影片中可以看到，飞行时，蜂鸟的翅膀在身体两侧垂直上下飞速扇动；悬停在空中时，蜂鸟的翅膀每秒扇动54次；在垂直上升、下降或前进时，每秒扇动75次。蜂鸟就是靠翅膀快速扇动飞行和悬停的。根据这些影

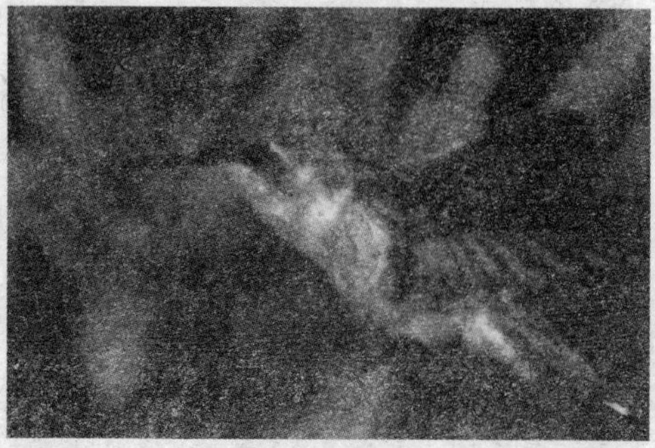

蜂鸟

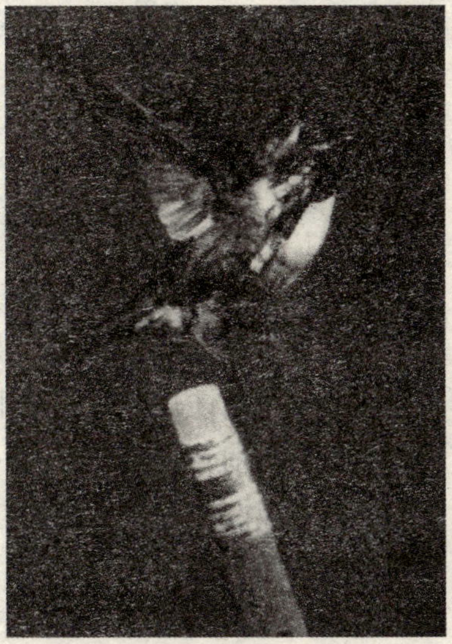
如此之小的蜂鸟

片，人们一直认为，蜂鸟在盘旋飞翔时，类似昆虫的飞行方式。

但是，美国俄勒冈州立大学科学家的一项新的研究表明，蜂鸟的飞行方式兼具昆虫和普通鸟类的特点，这一飞行方式被人类误解了近70年。

俄勒冈州立大学的科学家报告说，他们通过观察蜂鸟飞行时周围气流旋涡变化，研究其飞行方式。科学家首先训练蜂鸟在一个固定位置盘旋，同时从装有糖液的注射器中取食，然后在蜂鸟飞行的空间加入由微小橄榄油粒形成的“薄雾”，并用激光射线从各个角度照射蜂鸟周围，每隔1/4秒拍摄两张照片，捕捉油粒的分布形态。从油粒的分布看，蜂鸟在上下拍动翅膀的同时会将身体上抬，翅膀向两边展开。科学家发现，为了获得升力，蜂鸟每次扇动翅膀时都将翅膀部分折叠，使之指向正确的方向，它飞行时翅膀的姿势其实与游泳者踩水时手臂的动作相近，只是速度要快得多。

科学家指出，其他鸟类飞翔时所需的升力全部来自翅膀下扇；昆虫飞翔的升力有一部分来自翅膀下扇，另一部分则来自翅膀上扇；而蜂鸟飞翔的升力有75%来自翅膀下扇，25%来自翅膀上扇。从空气动力学的观点判断，蜂鸟的飞行方式介于昆虫和普通鸟类之间。

这一结论有助于加深人们对鸟类空中盘旋技术演变的理解。蜂鸟虽与昆虫不同宗，但似乎学会使用鸟类的翅膀做出昆虫飞行的动作。鸟翅能伸缩、弯曲和拱起，这是僵硬的昆虫翅膀比不上的。

最大的鸟

鸵鸟是世界上最大的鸟，属恐龙时代的动物，具有很高的饲养价值，其特点是：繁殖生产快、饲养成本低、经济价值高。鸵鸟是从国外引进的畜牧种，其繁殖与饲养技术都是国内的科技人员在借鉴国外经验的基础上自主开发的，并在生产实践中不断向科学化、规范化饲养发展。目前我们已经基本掌握鸵鸟饲养管理技术。

鸵鸟卵生，蛋重约1.5公斤，在人工控制的环境中经过3~44天的孵化，雏鸵鸟就可出壳。雏鸵鸟在三月龄之前，由于自身各种机能发育不完善，因此必须创建一个优越的生活环境，使雏鸵鸟安全、健康地渡过三个月的育雏期。三月龄以上的鸵鸟各种机能发育成熟，进入正常饲养管理期。

鸵形目中包括非洲鸵鸟、美洲鸵鸟、澳洲鸵鸟、鹤鸵等。因非洲鸵鸟生长快、繁殖力强、易饲养和抗病力强，所以国内外养殖的基本都是非洲鸵鸟。它在鸵形目中属鸵鸟科，鸵鸟属，非洲鸵鸟种。种是动物分类学中的基本单位，而品种则是畜牧学上的概念，主要是人工选择的产物。

猪、马、牛、羊等家畜的驯养历史可以上溯到旧石器时代末、新石器时代初。经过六七千年的驯化培育，形成了具有独特的经济价值特点，能满足人类的生活要求，对一定的自然和经济条件有适应性的不同品种。野生动物中只有种与变种，没有品种，非洲鸵鸟被人类驯养的历史才100年，形成较有规模性养殖也就是最近二三十年的事，因此人工养殖的鸵鸟只有3个品种，即蓝颈鸵鸟、红颈鸵鸟和非洲黑鸵鸟。

成群的鸵鸟

在广阔的非洲大草原上，个子高当敌人接近时很容易看见。像长颈鹿一样，鸵鸟可以说是一座行走着的“瞭望塔”。它的脖子占了整个 2.4 米身高的 1/2。成年鸵鸟瞭望不是为了自身的安全，而是为了保卫它的蛋和雏鸟，因为幼鸟常处于胡狼及其他敌人的威胁中。

在交配前，雌雄鸵鸟会举行一次求爱仪式。它们一起进食，合拍地抬头和低头，然后雄鸟再向雌鸟表示爱意。它会坐下来，身体摇摇摆摆，炫耀它那白色的羽毛，再把脖子扭成螺旋状以示爱。几只交配后的雌鸟会将蛋产在一个巢中，然后由一只占领导地位的雌鸟看着这些宝贝蛋。

成年鸵鸟每小时能跑 64 公里，它用强壮脚爪来保护自己。它的长腿和长脖子上没有羽毛，这样使身体更易散热。而身体过热对于生活在炎热地区的大体型动物来说，是一个很不利的问题。

雏鸟刚孵化出来时有 30 厘米高，它们几乎马上就能奔跑。

鸵鸟生活在非洲，世界其他地方也有别的不会飞的巨鸟：在南美洲有美洲鸵，在澳大利亚则可以见到鸸鹋，它们的生活方式类似，所以它们的体形也变得相差无几。

飞得最快的鸟

飞得最快的鸟是尾部有脊骨的褐雨燕。1934 年，在印度东北卡查山地区的一次 3.22 公里的飞行中，用秒表测出这种褐雨燕的时速高达 276.47 ~ 353.23 公里。

雨燕和一般秋去春来的燕子不同，前者为小型攀禽，其最大的特点之一是 4 个脚趾全部都朝前；后者为鸣禽，足趾三前一后，两者分别属于两个不同的目。

雨燕的种类很多，中国共有 7 种，其中最人们熟悉的是北京雨燕，常集群飞翔于高空疾飞捕虫，营巢于一些中国式大屋顶的古建筑阁楼里，故又有楼燕之称。另一种金丝燕，在繁殖期以唾液腺分泌物筑巢，巢即为著名的滋补品“燕窝”。这些都是飞得极快的鸟类。雷雨来临之前，它们更加欢快，常常尖声连叫，箭也似的直插云端，勇敢地迎接暴风雨。

小白腰雨燕

雨燕是长距离飞行的冠军。

它夏季分布于我国北部一带，越冬在印度和非洲东部。雨燕是著名食虫鸟类，种类很多，在我国最常见的是楼燕，别名北京雨燕，俗称野燕。它的体形很像燕，只是比燕子大，身体羽毛都是黑褐色。有一对狭长的翅膀，飞行时向后弯曲，就像一把镰刀。

它们大多集飞在近山地带。天雨时，常结群翔飞于高空中绕成圈状，动作，整齐历久不停。叫声亦相似。它所吃的东西，据苏联 1956 年资料，白腰雨燕喂养雏鸟的次数一天约 20 次，可见它一次带回许多虫子。在阿尔泰山上猎得 1 只育雏的白腰雨燕，在它的嘴里，拣出 372，只小形昆虫，其中有 12 只大蚊子，许多

龙课外活动针尾雨燕

小形蝇类、蚊子蚜虫。它在一天喂雏20次，可捕得7000多只昆虫，而在整个喂雏期内，就不下于25万只了。这些昆虫若排成一条线，长度可达1公里。

白腰雨燕的繁殖期在5~8月，通常结群在山洞里或海中岩礁或孤岛的悬崖峭壁上营巢，在云南开远大田山附近有个燕子洞，是在山下的一个岩洞，洞高约40米，阔约20米，深度有1500米以上。每年夏天有不计其数的白腰雨燕在此繁殖。广东怀集的燕岩数量更令人惊叹，每年清明节前后数以万计的白腰雨燕集体出入时汇成像河流，已辟为旅游胜地。

雨燕的巢以草茎、竹叶、须根、残羽及其他碎屑等作材料，用亲鸟的口涎黏着，一般呈圆杯状，但不易接触到。巢的平均大小为：外径110毫米，内径65毫米，高度36毫米。据了解，这些燕子的巢经蒸后用清水将污物洗除，这样重复两次，可拣出“燕窝”，每巢至少可得3克左右，平均1.5克多。每年从这一山洞所采的燕巢可精制出百余斤燕窝，商品名为龙牙燕。

因为它们广布国内，在繁殖期中觅食大量的害虫，营养很高。而且巢可制成燕窝，也有很大的经济价值。为了保护它们，采巢应候它们产卵育雏后进行，这样才不会影响它们的繁殖。

飞得最远的鸟

北极鸥

北极鸥生活于环北极地带；我国东北各地、河北、山东、江苏及广东有分布。常成小群或成对活动在苔原湖泊、海岸岩石和沿海上空。飞翔能力强，擅长游泳，在地上行走非常快。主要以鱼、生水昆虫、甲壳类和软体动物等为食，也吃雏鸟、鸟卵。繁殖期也常在苔原陆地上捕食鼠类。

北极鸥繁殖期 5～8 月，3 龄时性成熟，通常成对繁殖。营巢于临近海岸的河流于湖泊岸边和苔原地上。巢多置于靠近水边的悬崖上或平地上。雌鸟也一同参与营巢。每窝产卵 2～3 枚。卵的颜色为橄榄褐色，被有暗色斑点。卵长径 7.0～9.0 厘米，短径 4.8～6.3 厘米。孵化期 27～28 天，雌雄轮流孵卵。

北极鸥白昼生活，每当南极黑夜降临的时候，便飞往遥远的北极，因为北极与南极相反，这里正是白昼，每年 6 月在北极地区生儿育女，到了 8 月便带着儿女飞到南方，12 月到达南极附近，逗留到翌年 3 月份，每年远飞 40000 多公里，在鸟类中式首屈一指。

北极鸥身长 30～38 厘米，体重 300 克，寿命约 20 年，因迁移的距离最长而闻名。它来往于南极和北极之间，每年迁移的路程等同于绕地球一圈多。出生在北极的雏鸥从母鸥那里学会飞翔后，在寒冷的冬天，就跟着母鸥一起飞往南方。它们在飞往南极的途中，以小鱼、鳞虾、水蚤为食。大部分雏鸥生活在南极直到两岁为止，便又返回出生地——北极，没有母鸟或其他鸟的保护，就能按时到达。在没有任何帮助的情况下，雏鸟们是如何飞行数万里而及时回到故乡的？这个问题当前仍然是鸟类学家们的谜。

经科学家们的研究，得出几种假设：一是根据地形学的特征，就是凭借

飞翔的北极鸥

记忆重要地形或气流的方向而迁移。第二是白天通过太阳辨别方向，夜晚以星星为向导。三是利用地球经纬线形成的磁场，通过大脑中的生物指南针来确定位置和方向。四是闻到各地区独特的味道，记忆后并顺着味道迁移。

科学家们为了解开这个谜团，进行了大量的研究，却结果却令人遗憾。科学家们对于凭借记忆重要地形的理论有所怀疑，就给鸟戴上贴眼透镜后放飞，那些鸟在看不见的情况下仍然能准确地飞回故乡。白天以太阳、晚上以星星为向导的学说没有说服力的理由是，太阳和星星的体积比地球大得多，同样的时间内，在地球任何地方看它们都在同样的位置上。即使因地球自转，也只能提示东西南北方向。为了证明受地球磁场影响的说法，就让鸟在不受磁场影响的状态下飞行，它们依然可以飞到目的地。按照气味迁移的理论，大雁可以闻着大酱汤的味道飞回韩国，但结果却并非如此，所以这一理论也被推翻。

飞得最高的鸟

天鹅每年定期以 9144 米的高度飞跃珠穆朗玛峰，是世界上飞得最高的鸟。天鹅是一种大型水鸟，长着优雅的长颈。白天鹅羽毛纯白，有着黑色的喙，喙基黄色。黑天鹅通体幽黑，红色的喙和零星的白羽使黑天鹅非常漂亮。

天鹅属鸟纲、鸭科。在整个天鹅的大家族中，我国有大天鹅、小天鹅、疣鼻天鹅都是世界著名的观赏鸟。天鹅是一种冬候鸟，喜欢群栖于湖泊、沼泽地带，主食水生植物。每年 3、4 月间，它们大群的从南方飞往北方，在新疆、内蒙古、黑龙江、青海等地产卵，繁殖。一过 10 月，天气变冷，它们又携老带幼结队南迁。大天鹅遍体雪白，只是头部稍略显棕黄色，嘴呈黑色，上嘴基部两侧的黄斑前伸至鼻孔之下。小天鹅只是体型比大天鹅略小，上嘴基部两侧的黄斑没有前伸至鼻孔之下。疣鼻天鹅的嘴呈赤红色，前额上生有黑色的疣突。天鹅一般成对活动，一雌一雄亲密相处。假若一方遇难，另一只会在尸体的上空徘徊，为之悲伤而死。

大天鹅又叫咳声天鹅、喇叭天鹅、黄嘴天鹅等，体长 120～160 厘米，体重 6500～12000 克。全身的羽毛均雪白，只有头部和嘴的基部略显棕黄色，嘴的端部和脚为黑色。它的身体肥胖而丰满，脖子的长度是鸟类中占身体长度比例最大的，甚至超过了身体的长度。腿部较短，脚上有蹼，游泳前进时，腿和脚折叠在一起，以减少阻力；向后推水时，脚上的蹼全部张开，形成一个很像船桨的表面，交替划水。它还通常

天鹅

用尾部的尾脂腺分泌的油脂涂抹羽毛，用来防水。大天鹅身上有厚厚的羽毛，有人计算过它全身的羽毛有25216根，因此可以有效地抵抗严寒的气候，在零下36～48℃的严寒中下也能安然无恙。

大天鹅的喙部有灵敏布满的触觉感受器，叫做赫伯小体，主要生于上、下嘴尖端的里面，仅在上嘴边缘每平方毫米就有27个，比人类手指上的还要多，它就是靠嘴缘灵敏的触觉在水中寻觅水菊、莎草等水生植物，有时也捕捉昆虫和蚯蚓等小型动物为食。

大天鹅是一种候鸟，没有亚种分化，春秋两季在我国北方、俄罗斯西伯利亚等繁殖地和我国长江流域及以南的越冬区之间进行迁徙。每年4月，当北方的水面冰融化的时候，在一夜之间，经过长途迁飞的大天鹅便成群结队地来到繁殖地。它们成双成对地降落在湖面上，有的结伴嬉戏，温情脉脉，有的悠闲自得；有的扎入水中，翩翩起舞，真是千姿百态。

天鹅在巢址的选择上也很讲究，大多筑于人、畜和其他兽类天敌难以到达的孤洲边的浅水中，或是筑在距离岸边较远、水流平缓的浅水中，水位要求平稳，周围长有高杆沼生植物，还要有大片的明水区。大天鹅的巢是水鸟

飞翔的天鹅

中最大的，外径可达2米，用淤泥和杂草作基，使其形成碗状，上部垫衬着松软的苔藓、金鱼藻和芦苇叶等，巢位高出水面0.5～1.5米。巢间的距离都在100米以上，当地域较小时，有时也会侵占其他水鸟的巢。有趣的是，它们侵占其它水鸟的巢时并不把其它水鸟的卵扔到巢外，而是同自己产的卵一起孵化。大天鹅每窝产3～7枚白色或象牙色的卵，大小约为115×70毫米，卵重大约为330克左右，最大的达到427克，这也是我国鸟类卵中最大的。

产卵后，雄鸟和雌鸟轮流进行孵化和看护，如果有危险时，就发出警叫，并迅速用树枝、绒羽等将卵盖好，隐藏起来，待危险过后再回来孵化。孵化期需要30多天，到6月初的时候，雏鸟就出壳了，它们身上披着洁白的绒毛，一双小脚是桔红色的，嘴是淡桃红色或肉色，体长为27厘米左右，体重大约为198克。由于可以从雌鸟的腹部得到油脂，雏鸟出壳后就能立即跟随亲鸟在巢边的水中游泳、觅食。等到雏鸟的绒毛渐渐变灰成色，脚的颜色也随着变浅，亲鸟就带领着它们进行试飞。到了秋季，成鸟要将羽毛褪掉，再换上新的飞羽。由于在换羽时期完全失去了飞翔的能力，很容易遭到天敌的袭击，所以大多隐藏到杂草丛生，水面成片，地形复杂，非常隐蔽的安全地带。10月上旬，成鸟和幼鸟都已经全部换好了羽毛，具备了长途迁徙到越冬地的能力，大天鹅便开始分成小批相继向南方飞去。最早迁离的是不繁殖的亚成鸟，携带幼鸟的成鸟最后离开，迁飞多在夜间进行，以免遭到猛禽等天敌的袭击，到11月底全部迁离繁殖地。

大天鹅的分布区十分广阔，而且无论是繁殖期还是越冬期，活动范围都与当年的气候因素有着密切的关系。如果气候温和，它的繁殖区域可以向北方扩展，繁殖的时间也可以提前一些；而在气温较低的年份，它的越冬区则可以到达长江流域以南的地区，寻找没有被冰封的水域，以便获取足够的食物。

在全世界的数量大约有100000只，在我国近几十年来数量减少得很快，亟待加以严格的保护，大天鹅现属于国家二级保护动物。

飞得最久的鸟

金鸻是能飞得最大的鸟它身体很小体长仅230厘米。雄鸟通体深黑色，上体具金黄色斑点，雌鸟下体有白色斑点。它们团体活动。天生强壮翅膀，飞行极其迅速敏捷。在地面活动时，喜急驰奔走，时而东，时而西，呈现出非常忙碌的样子。这种鸟叫“金鸻”，它有不少别名，如墨襟鸻、金背子、黑襟鸻、麻蛰等。

金鸻是一类栖息鸟胸部比较肥胖的海岸，属行目行科，全世界大约有36种。它们的身长在15～30厘米，长翅膀，中等长短的腿，短头颈。喙笔直，比它的头短一些。多数鸽鸟身体的上部清一色的褐色、灰色或者沙土色。下部白色。环鸻有白色的前额，脸部有两个黑色的环。

金鸻经常在海岸和海滩上奔跑，以小型的水生无脊椎动物为食。其他一些鸻鸟，如喧鸻，则在牧场和草地上寻找食虫的动植物来吃。鸻非常机警，一有动静就逃之夭夭。它们的叫声非常动动，根据叫声可以区别它们的种类。

金鸻

鸻在地面上筑窝，每窝产2~5个有斑点的蛋，一般是4个。金鸻在孵卵时，还有一种有趣的习性，它们总是把在巢内的各个卵的尖头部分，向着巢心方向对在一起，一旦发现卵的位置有所错乱，一定要把卵恢复原有的排列后，方可继续孵卵。这样做的目的，很可能便于老鸟的身体全部接触到每个卵，给它们以均衡的体温，从而提高孵化率的缘故吧。父母双方轮流孵化。小鸟孵出不久，就可以跟随父母活动。

金鸻是旅鸟，它的繁殖地和越冬地均不在我国（在台湾可能是冬候鸟），途经我国的很多省份。在我国出现的这一亚种金鸻，它的繁殖地在苏联的西伯利亚东北部和北美洲的阿拉斯加。秋天来临，气温下降它们开始南迁，迁徙路线分成两条，一部分是沿着我国海岸线飞行，另一部分从繁殖地向南飞越茫茫大海，经过4000公里的长途跋涉，在美国的夏威夷群岛作暂短停留，填饱肚子后，继续南飞，方可到达它的越冬地区。还有一个亚种，它的繁殖地在北美洲的北部，秋天将至，分散在各地区的金鸻，都先后云集在北美洲东北部的哈得逊湾，南迁时经其东南的拉布剌拉半岛，飞至西经60°与北纬50°处，继续向南一直飞约3200公里，到南美洲的委内瑞拉东北附近，由此向南迁，抵达阿根廷东部的越冬区。

金鸻的这么长距离飞行，在鸟类中当属冠军。

死而复生的珍贵鸟类

1981 年 5 月，中国传出一条震撼世界的消息：在中国发现了绝迹 17 年之久的朱鹮，这死而复生的朱鹮是怎样的一种鸟呢？

朱鹮是一种美丽的飞禽。它体长约 77 厘米，长长的嘴像一根弯管，嘴端呈朱红色，身体背部的羽毛呈灰白色。朱鹮的翅膀后部和尾下侧都泛出朱红色，再加上朱红的脚和洁白的体羽，真是锦上添花，朱鹮在 19 世纪以前曾广泛分布于俄罗斯、中国、日本和朝鲜。但在近 100 年间，朱鹮的数量急剧下降，分布区域急剧缩小。国际鸟类保护委员会早在 1960 年就已将朱鹮列入世界保护鸟的名单。

朱鹮在野生环境中非常喜欢湿地、沼泽和水田。它们在水田中觅食，喜欢栖息在高大的树上。每年 3 ~ 5 月是朱鹮的繁殖季节，它们选择高大的栗

树、白杨树或松树，在粗大的树枝间，用树枝、草棍搭成一个简陋的巢。朱鹮的巢，像一个盘子。雌鸟一般产 2～4 枚淡绿色的卵。经 30 天左右的孵化，小朱鹮破壳而出。60 天后，雏鸟的羽翼渐渐丰满起来，但还远没发育成熟，它们的羽毛比成熟朱鹮的颜色稍深，呈灰色。直到 3 年之后，小朱鹮才完全发育成熟，并开始生儿育女。

在 1953 年和 1959 年鸟类学家曾在甘肃武都、康县采到过朱鹮标本。在 1981 年以前，鸟类学家最后一次见到野生的朱鹮是在 1964 年。而后，在 1964～1981 年这十几年间，再也没人见过朱鹮的踪迹。从 1978 年起，中国科学院动物研究所的鸟类学家们组成考察队，他们调查了东北、华北和西北三大地区，跨越九个省区，行程 5 万多公里。他们历尽艰险，终于在 1981 年 5 月于陕西省洋县境内的山林中发现两个朱鹮的营巢地。当时，这两对朱鹮都忙于哺育幼雏，这说明它们都是有繁殖能力的个体。说来也巧，正当鸟类学家们专心观察这两个稀世珍禽的家庭时，一只幼鸟从巢里掉了出来。鸟类学家们迅速把它捡回，火速运到北京动物园。经过鉴定，这是一只雄性的小朱鹮。在经验丰富的饲养员的精心照料下，小朱鹮顺利地成活下来。

自 1981 年以后，野生朱鹮受到良好的保护。陕西洋县已经成为著名的朱鹮之乡，人们在那里建立了朱鹮自然保护区。朱鹮在保护区内休养生息，繁衍后代。到 1985 年 5 月，洋县已有 17 只朱鹮，而截止到 1989 年 3 月，我国

野生朱鹮

境内的朱鹮已发展到40多只。是我国鸟类保护工作的重大成就。

在日本，朱鹮深受人们爱戴。朱鹮的拉丁学名 Nipponia nippon 就是“日本日本”的意思，日本人以此为荣。但因栖息地被大面积破坏，使日本的朱鹮濒临绝灭的困境。1967 年，鉴于当时朱鹮数量呈急速下降的趋势，日本在新易县佐渡岛建立了日本朱鹮保护中心。当时，除人工饲养的朱鹮外，日本还有野生的朱鹮。但是到 1978 年，野生朱鹮产的卵很多不受精，不能孵化。到 1979 年，日小伞境只剩下 8 只朱鹮，幸存的朱鹮全部生活在佐渡岛。1981 年，又有 2 只朱鹮死去。为了使朱鹮摆脱濒临灭绝的境地，日本政府决定把 6 只野生朱鹮全部进行人工饲养。他们希望利用先进的科学手段和精心的饲养使朱鹮再度繁衍。但事实却令人遗憾。1982 年 8 月，佐渡岛保护中心有 5 只朱鹮，到 1985 年只剩下 3 只，这 3 只朱鹮平均年龄 12. 5 岁，两雌一雄。一只雌鸟叫阿青，因为身患风湿病，脚已经病变损坏。另一只雌鸟叫阿金，它跟雄鸟阿绿配成一对。虽然阿绿身体健壮，每年都跟阿金交配，但是阿金就是不产卵。而到了 1989 年，日本已找不到朱鹮了。

需要冬眠的鸟

鸟类中的个别种类也有冬眠现象，只是大鸟不被人了解，白胸秧鸡就是这种独特的鸟。

白胸秧鸡又叫苦恶鸟，这是根据它的叫声而得名的。上体黑色，面部及下体白色。属于小型涉禽鸟。平时多栖息于沼泽、池塘、稻田附近的灌木丛、小竹林等地，啄食动物性食物。清晨和傍晚常能听到它们的鸣叫，在繁殖季节，从早到晚不停地叫。每年4月初，开始在灌木丛和芦苇丛中营巢。每年产2窝，每窝3~9枚卵不等，卵壳土白色或土黄色，上面带有褐色斑点。孵卵由雌雄鸟共同担任。入秋，秧鸡结束了繁殖生活，幼鸟已经长大，可以独

白胸秧鸡

立生活了，这时，它们的活动反而更加频繁，每天不知辛苦地四处觅食，好像从不知道饱似的，个个胖胖的，甚至飞起来也觉有些吃力，所以有人专在这个时候去捕捉秧鸡食用，肉味肥嫩，美味可口。

初冬季节要到了，天气逐渐变冷，胖乎乎的秧鸡个个急于选择干燥的石洞或泥洞，钻到里面冬眠了。秧鸡在洞里不吃不动，呼吸次数减少，血液循环减慢，新陈代谢减弱，尽可能减少消耗体内的营养物质，凭借储存的脂肪来维持生命。

万物复苏时，小草发出嫩芽，昆虫开始活动了，秧鸡在洞中逐渐苏醒，它慢慢地走出来。经过3个月的冬眠，身体虚弱多了，走起路来都有些吃力，不能飞行，视力也很弱，这时急需增加营养，吃大量食物以强壮身体。1个星期过后，体力得到了恢复，能够正常飞翔，到处又可听到它的欢快叫声。

最低等的动物

海绵动物也叫多孔动物，是生物中的最低等者。是最原始、最简单的多细胞动物，由于身体比较柔软，而得名。它们在分类学上隶属于海绵动物门，但外观看上去不像动物，不会游动，营固着生活，附着于水中的岩石、贝壳、水生植物和其他物体上。身体的形状各种各样，有片状、块状、圆球状、扇状、管状、瓶状、壶状、树枝状等。由于它们的体壁上有许多小孔，是水流入体内的通道。体壁内长着具有支持作用的针状骨骼，由内、外两层细胞构成。大多数种类生活于海水中，少数生活在淡水里。共有大约5000种，可分为钙质海绵类（例如白枝海绵、毛壶）、六放海绵类（例如偕老同穴）和寻常海绵类（例如浴海绵、针海绵）等类群。

海绵动物的体壁由内、外两层细胞构成，外层细胞扁平，内层细脑生有鞭毛，多数具原生质领，故称“领细胞”，主要用末摄食和细胞内消化。入水孔通入体内的沟道，与领细胞组成的鞭毛室和出水口组成复杂的沟道系统。含有食饵的海水由于内层细胞鞭毛的不断振动，从入水孔流入体内，不消化的东西随海水从顶端的出水口流出体外。在内、外两层细胞间，还有一层中胶层，其中有像变形虫的游离细胞、生殖细胞、造骨细胞、海绵丝细胞，等等。

海绵动物

海绵动物体壁内多具支持的针状骨胳，称骨针。依骨针的性质，可分钙质海绵和非钙质海绵两大类。本门动物中有少数种类可供拭抹机器、枪炮及印刷业和沐浴用；有的种类能破坏介壳，为贝类养殖的敌害。

因为多孔动物体壁上的孔细胞

与中央腔顶端的出水孔组成水沟系，通过领细胞鞭毛的打动，不断将外界的水连同食物和氧气带入水沟系中，又不断将废物从出水孔中排出来完成生命活动。它们这种特殊的身体结构和胚胎发育，使人们猜测它们是动物演化发展中的一个侧枝。

除约150多种淡水海绵外，其余海绵动物都生活在海洋中，主要分布在热带与亚热带海域。从潮间带到7000米深海都有它们的踪迹。但水深120米以内生长的海绵约占总数的90%。它们通常鲜艳美丽，形状受环境影响而定。大小从几毫米到1米多。海绵动物的中央腔中通常有其他动物与它共栖，形成复杂的动物群落。在珊瑚礁的形成中某些海绵起着重要的作用，而有些海绵是养殖贝类的敌害。

海绵动物的生殖有无性生殖和有性生殖。无性生殖又分出芽和形成芽球两种。出芽是由海绵体壁的一部分向外突出形成芽体，与母体脱离后长成新个体，或者不脱离母体形成群体。芽球的形成是在中胶层中，储存了充足营养的原细胞聚在一起，外包以几丁质膜和一层双盘头或短柱状的小骨针，形成球形芽球。当成体死亡后，无数的芽球可以存活下来，渡过严冬或干旱，当环境适合时，芽球内的细胞从芽球上的一个开口出来，发育成新个体。全部的淡水海绵和部分海产种类都能形成芽球。

海绵动物能够进行有性生殖。海绵有些为雌雄同体，有些为雌雄异体。精子和卵是由原细胞或领细胞发育来的。卵在中胶层里，精子不直接进入卵，而是由领细胞吞食精子后，失去鞭毛和领成为变形虫状，将精子带入卵，进行受精。这是一种特殊的受精形式。

受精卵进行卵裂，形成囊胚，动物极的小细胞向囊胚腔内生出鞭毛，另一端的大细胞中间形成一个开口，后来囊胚的小细胞由开口倒翻出来，里面小细胞具鞭毛的一侧翻到囊胚的表面，这样，动物极的一端为具鞭毛的小细胞，植物极的一端为不具鞭毛的大细胞，此时称为两囊幼虫。此后，幼虫从母体出水孔随水流逸出，接着具鞭毛的小细胞内陷，形成内层，而另一端大细胞留在外边形成外层细胞。幼虫游动后不久即行固着，发育成成体。

寿命最长的动物

据《世界吉尼斯纪录大全》记载，海龟的寿命最长可达152年，是动物中的老寿星。它早在两亿多年前就出现在地球上了，是有名的“活化石”。

由于龟是海洋中的长寿动物，所以，沿海人仍将龟视为吉祥物，就像内地人把松鹤作为长寿的象征一样，也把龟视为长寿的象征，并有“万年龟”之说。

目前海洋中共有8种海龟，其中有四种产于我国，主要分布在山东、福建、台湾、海南、浙江和广东沿海，我国群体数量最多的是绿海龟。

海龟常循洄游路线在沿岸近海的上层活动，它们到20~30岁时才发育成熟，每当繁殖季节到来的时候，便成群结队地返回自己的出生地，不管路途多么遥远，它们也能找到自己的出生地，并把卵产在那里。如果出生地的环境被破坏，它就有可能终生不育。

海龟产卵数最多的可达200个左右，最少的也在90个以上，卵的数量虽说比较多，但是孵化成活率很低。当小海龟出壳后，首先要自己从沙堆里钻出来，然后慌慌张张地奔向海洋。从沙坑到海边对小海龟来说充满了艰辛，有的幼龟跌入沙坑中，努力挣扎也爬不出“陷阱”。这时一些天敌例如各种海鸟不断在空中徘徊，它们把这些幼小生命看做珍肴。最后能顺利到达海洋的只是一部分，幸存者将在海中生长发育，传承繁衍后代的重任。但海龟是怎样找到自己的出生地的，目前还是一个谜。

生活在我国沿海的绿海龟，其产卵期在每年的4~10月。这时节，每当晚上，它们一个接一个地从海中悄悄爬上沙滩，用后肢挖一个宽20厘米左右、深约50厘米的坑，然后开始产卵。卵呈白颜色，大小和乒乓球差不多。由于卵成熟的时间不相同，它有时要分几次才将卵产完。产完卵后便用沙将洞口堵住，沙滩在阳光的照耀下，温度比较高，卵全靠自然温度孵化，其时间需要40~70天不等，一般在50天左右。海龟卵不但靠自然温度孵化，而且其性别也是由温度的高低来决定的，温度高时孵出的是雌性，温度低时孵出的是雄性。海龟是通过什么办法来调节性别平衡的，这是一个很有趣的问题。

正在水中游泳的海龟

海龟除出生和繁殖在陆地之外，其主要生活在海中，它们既能用肺呼吸，也能利用身体的一些特殊器官直接从海水中获得氧气，它的足呈桨状，喜欢划水，海龟在陆地上显得笨拙，但是到了海里却自由自在，它完全适应了海洋环境。海龟的个体大、活动量大，其食量比陆龟大得多，它每天要吃很多的鱼、鱼卵、虾、甲壳类和软体类以及藻类，它们的牙齿坚硬有力，能够很容易地咬碎软体动物的外壳。从海龟的生活习性来推测，其长寿的秘诀，可能是食量大、活动缓慢，有坚硬的外壳保护。

海龟全身都是宝，它的肉味道鲜美，不仅其自身能长寿，而且是营养价值很高的滋补品，食用也能使人长寿。正是由于海龟具有很高的食用和药用价值，所以招致人类滥捕乱杀厄运。据有关自然保护组织预测，在 80 年代每年大约有 30 多万只成年的海龟葬送在人类的手中，使沿海海龟面临绝境。虽然海龟是长寿之物，但由于人的捕杀已使该物种的平均寿命降至最低点，百年龟已成珍稀之物。

海龟数量的减少已经引起了沿海国家的共同关注，并且投入了大量的人力和物力进行拯救。例如巴西从 1983 年开始一直想方设法保护生活在沿海 1000 多公里海岸线附近的海龟，头一年挽救了 2 万多只海龟，后来逐年上升，现在每年挽救的海龟在 27 万只以上。十多年来，被挽救的海龟总数超过了 150 万只；南太平洋环境保护组织为了防止包括印度尼西亚在内的沿海国家滥杀海龟，他们将 1995 年定为“海龟年”，试

海龟

图引起人们关注海龟面临灭绝的处境；在泰国南部的普吉岛上，每年4月13日都要举行一次幼龟放生节，帮助那些刚出壳的小海龟爬向大海，以防在途中遭遇敌害；我国政府对海龟的保护非常重视，1985年5月在广东省惠东县的“海龟湾”建立了首个海龟自然保护区，并将海龟列为国家二级保护动物。海龟湾的面积虽说只有0.1平方公里，却是一个重要的海龟产卵地，产卵最多可达数10万枚。

最古老的甲壳动物

世界上最古老的甲壳动物是生活在我国东南沿海的鲎。

鲎

鲎是栖生于海洋中的一种无脊椎动物，在动物学分类学上，鲎属节肢动物门、肢口纲、剑尾目、鲎科。目前，世界上现存的鲎为三属四种，北美洲东岸海域产的美洲鲎，属美洲鲎亚科，东南亚海域产的东方鲎、圆尾鲎、巨鲎均属鲎亚科。

据科学考究和文献报道，鲎的祖先出现在地质历史时期古生代的泥盆纪，与三叶虫（现只存化石）一样年龄，当时恐龙尚未崛起，原始鱼类开始问世，随着时间的推移，与它同时代的动物或者进化、或者灭绝，而唯独只有鲎从4亿多年前问世至今仍保留其原始而古老的外观，所以称之为“活化石”。

鲎的外形好像一把秦琴，全身分为头胸甲、腹甲、剑尾3部分。剑尾酷似一把三角刮刀，挥动自如，是鲎的防卫工具。鲎的嘴巴长在头胸甲的中间，嘴边有一对像钳一样的小腿，用来摄取食物，嘴的周围长有10条腿。雌鲎的4条前腿上，长着4把钳子，而雄鲎却是4把钩子。原来雄鲎总是把钩子搭在雌鲎的背上，让雌鲎背着它四处旅行。鲎的胸腹甲交接部长着一片片像桨一样的腹肢，帮助游泳，同时也是它的呼吸系统。鲎一旦被逼离开海水，要经能活好几天，比蟹类有更强的生命力。

丑陋而懒惰的鲎，对爱情却很专一，每当春夏季鲎的繁殖季节，雌雄一旦结为夫妻，便如影随形，肥大的雌鲎常驮着瘦小的丈夫缓缓而行。此时捉到一只鲎，便是一对，故鲎享“海底鸳鸯”之美称。鲎生活在温暖的海洋中，冬季需到较深的海域越冬。每当春末夏初，水温上升时，鲎从深海游向沿岸沙滩，雌雄抱合，在中潮带泥沙中挖穴产卵，受精卵依靠太阳能量孵化，经过5~6周时间，幼虫出膜，称为三叶幼虫。雌鲎一生中要蜕皮18次，雄鲎19次，约15年才能成熟，一旦成熟之后，就不再蜕皮。

鲎有埋沙的习性，用胸甲锐利的后缘插入，将身体埋入泥沙之中，有时只露出尾巴在外。鲎有5对粗壮发达的步足，用来爬行与挖掘、寻找底栖的食物。鲎的食性很杂，如薄壳的贝类、环节动物中的沙蚕、星虫、海葵，动物的尸体等。

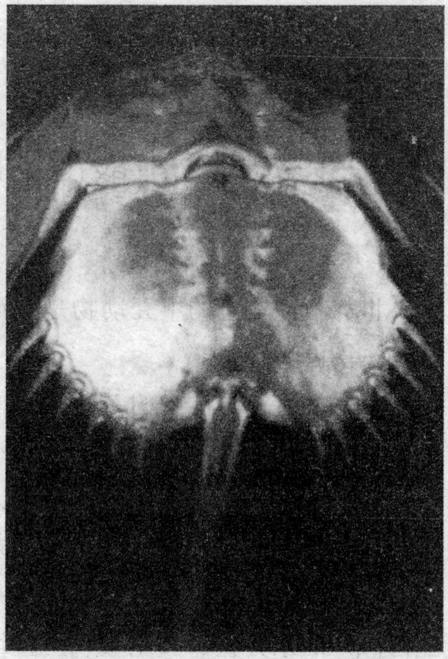
金门鲎

鲎有四只眼睛。头胸甲前端有0.5毫米的两只小眼睛，小眼睛对紫外光最敏感，说明这对眼睛只用来感知亮度。在鲎的头胸甲两侧有一对大复眼，每只眼睛是由若干个小眼睛组成。人们发现鲎的复眼有一种侧抑制现象，也就是能使物体的图像显得更清楚，此原理被应用于电视和雷达系统中，提高了电视成像的清晰度和雷达的显示灵敏度。为此，这种亿万年古老动物瞬间成为近代仿生学中一颗世人关注的“明星”。

鲎的血液中含有铜离子，它的血液是蓝色的。这种蓝色血液的提取物——“鲎试剂”，医学上用它能准确、快速地检测人体内部组织是否因细菌感染而致病；在制药和食品工业中，可用它对毒素污染进行监测。

最古老的动物化石

中科院南京地质古生物研究所研究员陈均远等人在贵州省瓮安县的前寒武纪地层中，首次发现迄今最古老（距今5.8亿年）的两侧对称动物化石。这项发现在科学界引起震动。一只远古小虫，翻开早期生命演化史的重要一页。

这个古老动物体长仅0.2毫米，却保存了一对体腔、成对排列的感觉窝等两侧对称构造。该动物剖面的外胚层、内胚层和完全中胚层清晰可见。在它的消化道前端有一个向腹部张开的口，紧接口部的咽道由多层构造的咽壁所包绕。这一动物构造的复杂性说明它已处于成年期的发育阶段，表明在寒武纪之前4000万年，动物分化成多样的身体形状和大小所需的基因工具可能已经进化出来了。

该化石发现的最大价值在于挑战了“寒武纪大爆发”理论。5.4亿年前，生物界发生了一场划时代的变化。目前科学界认同的理论是，后来地球上突然出现了此前从未出现过的多细胞动物，而且数量可观。此次“贵州小春虫”的出现时间却在寒武纪之前4000万年前。它所生存的时间相当于我们地球雪球事件将要过去的瞬间，于是陈均远等将这一古老的动物命名为“小春虫”。

动物的进化大概经历了三个主要阶段：从躯体的不对称到辐射对称，再到两侧对称。只有跃进到两侧对称阶段，才可能形成复杂的神经系统和器官结构，使动物的运动机能大大增加，因此两侧对称是从低级动物通向包括人类在内的高级动物的非常重要的一环，“小春虫”正好验证了这一历史性转折。

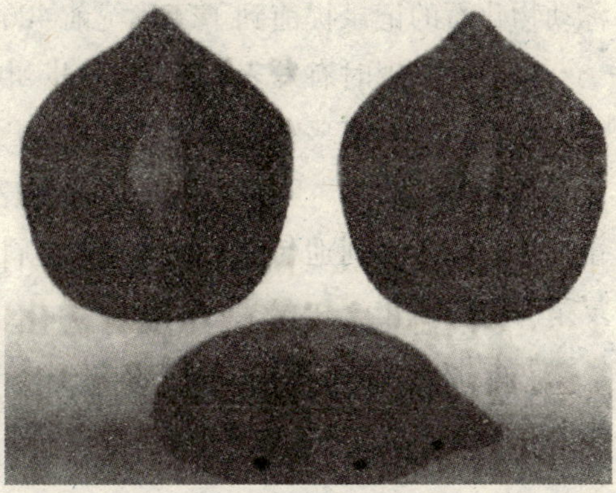
小春虫

陈均远教授认为，这一古老微型动物主要生活在浅水潮下高能带。在这一地带，由于水流和海浪

"贵州小春虫"模拟图

极为活跃，这些大小只有0.2毫米的动物随时都有被水流和海浪卷走的危险。

小春虫是否就是人类的鼻祖？陈均远认为不排除这种可能，但是现在还没有证据证明这一点，尚需后续研究不断跟进。

我国贵州瓮安动物群研究再传喜报，发现的5.8亿年前的贵州小春虫化石，具有了古老的两侧对称和真体腔特征，将两侧对称动物可靠的化石记录历史前推到了寒武纪之前4000万年，为研究真体腔动物的起源提供了重要的依据，表明真体腔也许是两侧对称动物的一个古老特征。

包括人类在内的所有脊椎动物，以及扁形动物、环节动物和节肢动物等比较高等的无脊椎动物，身体都是两侧对称的：沿着头尾方向的主轴有一个对称面，因而身体有前后、背腹、左右的分化。这种发育上的分化在动物演化上出现得较晚，更早期的动物演化经历了不对称、球形对称和辐射对称等进化时期，最终演化出两侧对称的动物。

有指出，中科院南京地质古生物研究所陈均远教授等人发现的距今5.8亿年的"贵州小春虫"，被科学界认为是迄今最古老的两侧对称动物，即像今天的苍蝇、鱼或人一样，拥有了对称而不是圆形的结构。这一结论将两侧对称动物化石的记录提前到了寒武纪前4000万年，即距今5.8亿年。

对这一发现时有发表评论称，"贵州小春虫"的发现，拉开了动物世界在地球崛起的伟大序幕，动物世界的故事因此上演。

科学家认为，"贵州小春虫"所代表的动物从辐射对称到两侧对称的演化，标志着一系列遗传基因的重要创新，并由此促进生命的形态、行为向更复杂的阶段进化。

"贵州小春虫"的发现具有先驱意义，它拓宽了科学家对早期生命研究的领域。

最古老的鸟类化石

自 1861 年德国首次发现始祖鸟化石，鸟类起源成为生物学界非常关注课题之一。现代鸟来源于哪里？最近在我国甘肃省发现的鸟类化石，证明了现代鸟类的起源——来自水生。

中国地质科学院的尤海鲁，在美国华盛顿举行的新闻发布会上解释说，在甘肃省玉门市昌马乡附近一处偏远的湖床遗迹中发现多枚保存完好的“甘肃鸟”化石。它们虽然无头，但骨骼较完整，未碎裂，有些还残存趾间蹼和其他软组织。湖泊的静态环境使这些化石特别是软组织部分在页岩沉积中“非常漂亮地保存至今”。

其实，科学家早在 1981 年就发现了“甘肃鸟”化石，只是那时仅仅找到了鸟类的部分后腿化石。1983 年，这里第一次发现了一个保存了一侧不完整的后肢的古鸟类化石，后被命名为“甘肃鸟”。但 20 多年来，很少有人继续研究。直到 2002 年，尤海鲁在当地农民甚至孩子的帮助下，发现了一个“甘肃鸟”翅膀的化石。从 2003 年起，中国地质科学院尤海鲁领导的科研小组与甘肃省地矿局第三地质矿产勘查院和美国卡内基自然历史博物馆科研人员合作，对甘肃昌马盆地早白垩世地层进行考察和挖掘，发现了大量精美的鸟类、鱼类和两栖类脊椎动物化石。

甘肃鸟复原图

因客观条作的限制，人们对玉门“甘肃鸟”的整体形态特征和系统分类的认识还是略知一二。直到这次中美科学家运用分支系统学的方法，对挖掘出的包括“甘肃鸟”在内 20 余种主要中生代鸟类的 200 余条性状分析发现甘肃鸟与北美晚白垩世的鱼鸟和黄昏鸟的亲缘关系密切，它们与现生鸟类共同构成了现今鸟类。这一系统关系的确定，将今鸟类化石纪录提前了约3000万年。

它是一种什么样的鸟？它是如何生活的？从论文对5具“甘肃鸟”化石的研究得出，“甘肃鸟”大1.15亿年，它生活在白垩纪早期，与现代研究得出。而且，它与现代鸟类有着很多共同特征，包括羽毛、骨骼、脚蹼。甘肃鸟前肢形态及羽毛特征显示出它具有很强的飞行能力，至少能从水面起飞。

有意思的是，其中一件标本还保存有像蹼一样的印痕，结合其他后肢骨骼学特征推断，它应当也非常适应水中生活。其后腿和蹼足的细节推测，它可能是靠足推进的潜水鸟，很像现代的鸭子、鹳或潜鸟，不过它们的潜水能力要差很多。另外，“甘肃鸟”骨骼中空程度低，体较重也较笨拙。

据尤海鲁介绍，“甘肃鸟”所处环境要更加温暖湿润，它们可能以鱼、昆虫为食，有时也吃植物，但其饮食结构只有找到头部化石后才能确定。尤海鲁说，“随着一层层泥浆层的揭开，一亿年前的世界将展现在我们面前。”

“甘肃鸟”之外的几种原始今鸟类也显示出对水生环境的适应。不过，现代鸟的某些早期成员也许很快转移到陆地，如鸵鸟和鸡的祖先也可上溯到白垩纪早期。这种两栖生活方式是否与现代鸟类祖先躲过白垩纪生物大灭绝事件相关，现在尚不能下结论。

中美科学家共同认为：“甘肃鸟”是地球上繁衍生息的现代鸟类最早模型，现生鸟类在白垩纪的共同祖先很可能生活在水栖环境。

甘肃鸟骨骼

美国匹斯堡的卡内基自然历史博物馆的马特·莱蒙纳兴奋的说，“现在，研究人员有了多枚几乎完整的‘甘肃鸟’化石”。大多数来自恐龙时代的鸟类祖先都已消失，没有形成现代鸟类。但“甘肃鸟”是个例外，所以它是连接原始鸟类和现代鸟类的桥梁，填补了古代和现代鸟类之间的空缺，对深入研究食肉恐龙向现代鸟类的进化转化提供了重要依据。

美国宾夕法尼亚大学的彼得·道

德森评价说，“从始祖鸟开始的鸟类进化树上，‘甘肃鸟’是现代鸟类最古老的模型。”今鸟类包括所有的现代鸟类和它们最近的灭绝亲缘鸟类，该发现使今鸟类的历史推进至1.1亿年前，而此前最古老的化石的个代仅为9.9千万年。而且，这也为现代鸟类从古代环境中进化提供了远古的证据。

美国卡内基自然历史博物馆的马修·拉曼纳说，今鸟类化石“在白垩纪早期相对罕见，这是‘甘肃鸟’令人激动的原因之一”。这一发现填补了鸟类进化树的空白，也为现代鸟类水栖起源的看提供了有力依据。昌马也因此成为以今鸟类为主的最古老鸟化石遗址。

最早有喙的鸟类

1995 年命名的孔子鸟是世界上已知最早有喙的鸟类。现生的鸟类全都没有牙齿，它们靠鸟喙取食，但在远古的中生代大多数的鸟类却还没有这一结构，是用牙齿取食。

孔子鸟是一种古鸟属，其化石遗迹在中国辽宁省北票市的热河组，即四合屯和李八郎沟等白垩纪时期的沉积岩中发现。在现已公开的化石标本中，其骨骼结构非常完整，有着清晰的羽毛印迹。这一切使得孔子鸟成为最出名的中生代鸟。根据其出土的地点地质形成史推断，这种鸟生活在距今 1. 25 ~ 1. 1 亿年左右，即西方学者称的白垩纪早期和中国学者称的晚侏罗世。孔子鸟是目前已知的最早的拥有无齿角质喙部的鸟类。

隶属于鸟纲孔子鸟目孔子鸟科孔子鸟属，距今约 1. 4 亿年，它生存于侏罗纪晚期，分布于中国辽宁省北票市上圆乡。其主要特征是：前颌骨和下颌骨具有规律的沟纹构造，不具牙齿；肱骨近端膨大，有一气孔；第一指骨爪大，其高度超过第一指节骨；第三掌骨较细，腕骨和掌骨不愈合：坐骨粗大，近端有一向上的突起，远端厚而圆；耻骨后展：第五蹠骨仍较发育，趾爪大而弯曲。该标本采自辽宁省北票市上圆乡晚侏罗世义县组下部，保存的完好程度极其稀有，于 1997 年收藏。圣贤孔子鸟与始祖鸟属同时代的原始鸟类，特别是具有角质喙等特征而比始祖鸟先进。

孔子鸟复原像

孔子鸟的形态与德国的始祖鸟有许多相同的地方，例如，头骨没有完全愈合，肱骨比桡骨长，手上长有 3 个带爪的指，等等。孔子鸟的个体与鸡的大小相近，上下颌没有牙齿，有一个发育的角质喙嘴；它的脊椎骨退化，胸骨发育，尾巴很短。从进化角度来看，孔子鸟的形态特征比始祖鸟显得进步，生活时代也应该比始祖鸟晚。不过孔子鸟的研究者、中国科学院古脊椎动物与古人类研究所的侯连海研究员当初认为，孔子鸟的形态与上中农近似，它们的时代也相似，即都是距今大约1亿4千万年前的侏罗纪晚期。

现在一般认为，鸟类起源于恐龙，也有说法是，鸟类是恐龙的近亲。在中国发现的带羽毛的恐龙和孔子鸟，在德国发现的始祖鸟，都是维护这一说法的论据。如今这一说法的正确性并不是100%受到肯定。孔子鸟的描述者侯连海就坚持认为，从拥有双弓型头骨的杜氏孔子鸟来看，鸟类起源于初龙类，而非恐龙。即是说，初龙类是鸟类，恐龙，鳄鱼和蜥蜴的共同祖先。

就恐龙一鸟类这一进化说法上，也有很多不同的观点。比如认为，两脚直立的恐龙首先从地上生活转移到树上生活，上肢仍然短小。经过演化，这些恐龙会在两树之间跳跃，上肢长长，开始出现羽毛。后来这些带羽毛的上肢成为它们的“降落伞”，进行滑翔。直到演变为飞行的翅膀。从始祖鸟的化石来看，在1亿5千万年前的鸟类始祖，有显著的鸟类特征，但同时也带有显著的爬虫类动物特征。其爬行类的特征为：口有牙齿；尾由18~21个分离的尾椎骨构成；前肢有3枚分离的学骨，指端具爪。其鸟类的特征为：有羽毛，有翼；骨盘为“开放式”；后足具4趾，3前1后。体形大小如乌鸦，只

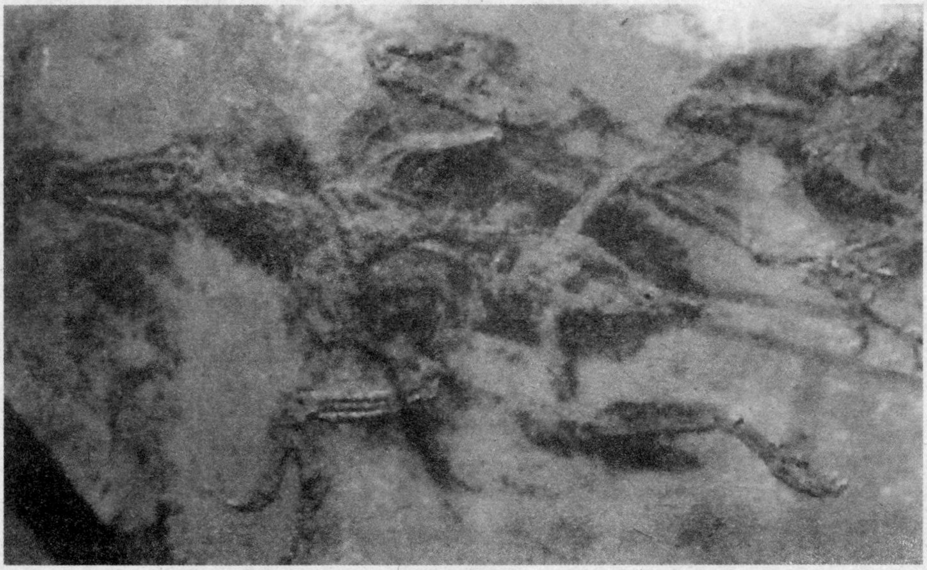

孔子鸟化石

能滑翔，还能飞行。它正是当时达尔文进化论在鸟类进化上所预言的“缺失的一环”，同时也是进化论正确性的一个证据。而孔子鸟，根据其解剖特征，例如尾椎融合为尾综骨和无牙的喙部，则在始祖鸟的基础上向现代鸟类先更进一步。虽然孔子鸟还保留了某些爬行类动物的特征，如双窝型颅骨。但无疑，孔子鸟离爬行类动物的血缘关系比起后者与始祖鸟来说，是更遥远了。

但让人解的是，在短短3000万年内，鸟类的进化速度之快，因食物性质的改变和鸟类嗉囊的出现，使得由始祖鸟的有牙口部发展到孔子鸟无牙的角质喙。而始祖鸟23节尾椎骨到了孔子鸟身上，则融合为尾综骨。

产卵最多的鱼

生活在海洋里的翻车鱼，一次可产卵3亿粒，创造了产卵的最高纪录。

翻车鱼产如此多的卵，是否子孙满堂，充满海洋呢？事实并非如此。其一，翻车鱼是大洋性鱼类，环境变化无常，它的卵和幼鱼有的经过暴风骤雨、恶劣环境的袭击，成了大自然的牺牲品。有的成了肉食性鱼类和其他海洋生物的腹中食，活下来的仅仅是百万分之几。所以需要多产卵才能逃脱大自然的无情淘汰；其二，翻车鱼虽然体长4米多，重1400~3500公斤，它的游泳能力极差，几乎到了随波逐流的地步，自卫能力也很差，只有产卵多，才能保存种族。翻车鱼的软骨特别多，也是世界上最重的多骨鱼。

在距南加利福尼亚海岸约32.2公里的地方，有三位科学家乘坐的研究船遇上了一大块巨藻，一个巨大的海洋翻车鱼从船边跃出水面，并很快消失在水中。几分钟后，另外两只巨大的翻车鱼侧着扁平的身子浮了上来。科学家们带上潜水器跳入海中，以便再近一些观察翻车鱼。大约在水下3米深的地方，终于看到了近在眼前排成一队的翻车鱼。

研究人员游近时看到，大约有16条翻车鱼，它们的颜色和身体图案各种各样，黑灰色、焦油色，有的还有斑点，腹部全都为白色。这些鱼好像对人的到来一点也不在乎，年幼的半月鱼则围着翻车鱼游动，吸食翻车鱼身上的寄生虫。

翻车鱼

翻车鱼缺少真正的尾巴，它只有一个巨大的头，因而它得到了一个德文绰号意为游泳的头。它的拉丁名字“翻车鱼”是伟大的瑞典自然学家林纳所命名。翻车鱼还有一个熟悉的英文名字叫太阳鱼，原因是它们经常侧着身体漂浮在水面上，边休息边晒太阳。有些生物学家相

翻车鱼

信，这样的晒太阳——是与剑鱼和皮背海龟共有的特点——可能是一种温暖身体以加速消化的方法。另外小鱼和海鸟还可以啄食附在翻车鱼体上的寄生虫，在所有热带和温带所发现的翻车鱼都爱吃小鱼、马（鱼则）、甲壳动物、海蛰、胶质浮游生物和海藻，但他们最喜欢吃的食物还是月形水母。

海洋翻车鱼能在深水中觅食。1987年在巴哈马540米深处的潜艇曾拍摄过翻车鱼觅食的镜头。翻车鱼是河豚科的巨型亲戚，是所有多骨鱼中最重的鱼种，体重可达3000公斤。早在30年代，美国自然史博物馆的鱼类学家古格就曾对翻车鱼进行过研究，并宣称翻车鱼是动物界的生长冠军。它们的幼鱼仅有0.25厘米长，而长到成年鱼时可达3米长，体重比幼鱼时增加了6000万倍。

翻车鱼体重可达2.5吨，但它性情温和可接近。雌鱼可带2000~5000万枚卵。有人曾发现，有一条雌翻车鱼带有3亿枚卵，这也许是世界之最了，虽然它们的体形大，形状怪异，但是翻车鱼能有节奏地拍打长长的背鳍和另一边的臀鳍，就这样交替使用两鳍在水中游泳。

翻车鱼身体的后部几乎难以称其为尾巴，对游动几乎毫无帮助，它起的舵的作用。翻车鱼拥有令人难以想象的厚皮，它的皮由厚达15厘米的稠密骨股纤维构成。

19世纪时，渔民的孩子们会把厚厚的翻车鱼皮用线绳绕成有弹性的球玩。翻车鱼皮上可以有多达40多种不同的寄生虫，就连它们身上的寄生虫身上也有寄生现象。翻车鱼性情乖巧，因而常受到人类、虎鲸和海狮的侵害。入夏时节，当大量年幼的翻车鱼随着充足的食物、温暖的洋流进入蒙特雷湾时，加利福尼亚海狮就经常袭击它们。海狮常常撕咬翻车鱼的背鳍和胸鳍，并向水面上攻击它们。如果海狮撕不开翻车鱼厚而硬的皮，它们便把失去活动能力的翻车鱼，像玩飞盘一样抛向水面，成为海鸥的佳肴。

三、植物进化史

地球上最早的植物

现代科学和化石研究表明，如今的植物并不是现在才产生的，它们大约经历了30多亿年的漫长历程慢慢、进化而来的。地球上最早出现的植物是细菌和蓝藻等原核生物，常将这一时期称为细菌——蓝藻时代。从15亿年前开始才出现了红藻、绿藻等真核藻类。藻类是地球上出现最早的植物，经过漫长的演化，直到6亿年前的寒武纪（属古生代），藻类仍是地球上唯一的绿色植物。从现代藻类的形态、构造、生理等方面，也反映出藻类是一群最古老的植物。

原核藻类

地球上出现最早的藻类是单细胞的蓝藻，它们一直以“前寒武海”为演化中心。蓝藻，即蓝藻门，又称蓝绿藻，是一门最原始、最古老的藻类植物。

在一些营养丰富的水体中，有些蓝藻大量繁殖，加剧了水质恶化，造成鱼类的死亡。

其显著特征是：植物体简单，单细胞，各式群体和丝状体；细胞中无真核，但细胞中央含有核物质，通常呈颗粒状或网状，没有核膜和核仁，具有核的功能，故称其为原核。因此近代大多数学者主张将蓝藻从植物界中分出来，和具有原核的细菌等一起，单立为原核生物界。

藻类化石

通常含叶绿素和藻蓝素量较大的蓝藻，细胞大多呈蓝绿色。同样，也有少数种类含有较多的藻红素，藻体多呈红色，如生于红海中的一种蓝藻，名叫红海束毛藻。因为它含的藻红素量多，藻体呈红色，而且繁殖也快，故使海水也呈红色，红海的名由此而来。

蓝藻在地球上大约出现在距今 35 ~ 33 亿年前，现在已知约 1 500 多种，分布非常广泛，遍及世界各地，但主要为淡水产。有少数可生活在 60 ~ 85℃的温泉中，有些种类和真菌、苔藓、蕨类和裸子植物共生。有不少蓝藻可以直接固定大气中的氮，以提高土壤肥力，使作物增产；还有的蓝藻成为人们的食品，如著名的发菜和普通念珠藻（地木耳）等。但在一些营养丰富的水体中，有些蓝藻的繁殖常在夏季，并在水面形成有腥臭味的浮沫，称为“水华”，而且有些种类还会产生一些毒素，加剧了水质恶化，对鱼类等水生动物，以及人、畜均有很大危害，严重时会造成鱼类的死亡。

绿藻

真核藻类

科学家们推测，在 15 亿年前，大气圈中游离氧的浓度已超过 0.1%，臭氧层也刚刚形成，好像有出现真核藻类的可能。当时，由原始单细胞真核生物分化产生的藻类植物，在海洋中非常繁盛，不仅有单细胞体，也有多细胞体，甚至更复杂。它们的体内含有不同的色素，五颜六色，非常好看。大量的藻类在浅海海底经过漫长的岁月，堆积成了巨大的海藻礁，因它们是一层层地聚集，并且和碳酸钙交互成层叠置，而取名“叠层石”。

距今约10亿年前，是海藻礁在地球上形成最多的时期。在众多的藻类中，有一种叫绿藻的植物显得尤为重要，它是高等陆生植物的祖先。到了距今4亿年前后，由于造山运动，海洋面积缩小，陆地出现。此时，一部分生活在岸边的绿藻，逐渐登上陆地，进化成高等陆生植物——裸蕨。自从陆地上出现裸蕨植物，就揭开了陆生植物大发展的新篇章，有了生机，荒凉的大地开始。

藻类的基本特征

在我国古代所说的藻类是对水生植物的总称。在我国现代的植物学中，将一些水生高等植物的名称中贯以“藻”字（如金鱼藻、黑藻、茨藻、狐尾藻等），也可能由此得来。与此相反，人们常常将一些水中或潮湿的地面和墙壁上个体较小，黏滑的绿色植物统称为青苔，其实这不是现在所说的苔类，而主要是藻类。

中国辽宁北票上园乡黄半吉沟藻类化石

现今对藻类植物的了解，藻类并不是一个自然分类群，但它们却具有一些共同特征的藻类植物的形态、构造很不相同，大小相差很大。例如，人人皆知的小球藻，呈圆球形，是由单细胞构成的，直径仅数微米；生长在海洋里的巨藻，结构很复杂，体长可达200米以上。尽管藻类植物个体的结构繁简不一，大小悬殊，大部分无真正根、茎、叶的分化。有些大型藻类，如海产的海带、淡水的轮藻，在外形上，虽然也可以把它分为根、茎和叶三部分，但体内并没有维管系统，因此都不是真正的根、茎、叶。因此，藻类的植物体多称为叶状体或原植体。藻类植物一般都具有进行光合作用的色素，能利用光能把无机物合成有机物，自给自足是能独立生活的一类自养原植体植物。另外，藻类植物的生殖器官多由单细胞构成，进行无胚胎发育。

藻类的分类

藻类植物的种类有许多，当今已知有3万种左右。早期的植物学家多将藻类和菌类纳入一个门，即藻菌植物门。随着人们对藻类植物认识的逐渐深入，一般认为藻类不是一个自然分类群，并根据它们营养细胞中色素的成分和含量及其同化产物、运动细胞的鞭毛以及生殖方法等分为若干个独立的门。对于分门的看法，众说不一分岐很大，我国藻类学家多主张将藻类分为11个门：蓝藻、红藻、隐藻、甲藻、金藻、黄藻、硅藻、褐藻、裸藻、绿藻、轮藻。

依颜色可分为三类：绿藻、褐藻和红藻。绿藻（如海莴苣和水绵）只有绿色色素——叶绿素，褐藻（如墨角藻属植物）只有褐色和黄色色素，红藻则含有红色和蓝色色素。藻类用色素来获得能源，它们的生长也需要水和光。褐藻只能生长在海水中，绿藻和红藻也可以生长在淡水中。有些藻类设法离开了水，如绿球藻属生活在树皮或潮湿的旧墙上。

藻类的生活习性

藻类通及地球，但主要是生长在水中（淡水或海水）。但在潮湿的岩石上、墙壁和树干上、土壤表面和内部，也都有它们的痕迹。在水中生活的藻类，有的浮游于水中，也有的固着于水中岩石上或附着于其他植物体上。

藻类植物对环境条件要求不高，适应环境能力强，可以在营养贫乏、光度微弱的环境中生长。在地震、火山爆发、洪水泛滥后形成的新鲜无机质上，它们是最先的居住者，是新生活区的领头植物之一。有些海藻可以在100米深的海底生活，有些藻类能在零下数十度的南北极或终年积雪的高山上生活，有些蓝藻能在高达85℃的温泉中生活。有的藻类能与真菌共生，形成共生复合体（如地衣）。

生物进化史上的诺曼底登陆

约50亿年前，地球上已出现了植物。最初的植物结构极不复杂，种类也极少，并且都生活在水域中。到了4亿多年前，由于气候变迁，生长在水里的一些藻类，不得不走向陆地，逐渐演化成蕨类植物，这是最早登陆地球的植物。第一登陆大地的是绿藻，如今为裸蕨植物，它们摆脱了水域环境的束缚，在变化万千的陆地环境生长，为大地披上绿装。开始登陆时，它们既无根又无叶，仅是一个茎状物。后来在适应陆地生活的发展中，逐渐有根、茎、叶分化的趋势。地上部分向空中发展，进行光合作用；吸水用水的器官有了分工，促使体内维管束的发展。地下茎逐渐生出了细小叉状旁枝，称为“假根”。后来，大陆气候进一步干旱，裸蕨类植物消退了，其他机能结构更高等的蕨类植物繁盛，进而代之。

裸蕨类植物登陆

如今的水生藻类拥有非常复杂丰富的多样性，让人好奇的是，在它们的原始祖先中只有淡水绿藻的一个种顺利地登上了陆地，并衍生了从苔藓植物到有花植物的全部陆生类群。这一原始绿藻目前仍是一个谜，但其近亲轮藻仍在至今淡水湖泊里。DNA 研究的结果证实了所有的陆生植物均来自于同一祖先的判断。

陆生植物的祖先，原始的多细胞绿藻大约出现于7亿年前。在经过了约2亿年的演变后，在奥陶纪早期，海滩与河岸上开始出现了具有简单茎状结构的植物体。这些新的类型一般演化出了强壮的细胞壁以防止波涛的冲击，同时产生了固定于岩石表面的特化结构以维护它们的地位。当这些生物的体积增大后，它们开始面临着养分运输问题，由于深没于水面下的部分无法进行光合作用，它们最终进化出了延伸于整个身体的特化的养分输导组织。

初始陆生植物的化石记载可以追溯到4.75亿年前的隐孢子四分体及其孢

金毛裸蕨

子囊的化石，可能属于类似地钱（苔类植物）的矮小植物体。陆生植物在进化的早期就发生了分化，一部分适应于水分充足的湿地环境，所以不需要输水结构的进一步特化，这些类群保持了靠近地面的矮小形体并最终演化出了今天的苔藓植物；而另一部分，为了适应陆地上广泛的干旱环境，进化出了发达的根、茎、叶系统，并通过特化的输导水分与养料的维管组织相连系。根系统的发展保证了水分的来源，而茎、叶系统的进化则使光合的面积迅速扩展。由于细胞壁中木质素成分的出现，使得植物体具有足够的强度向更广泛的空间伸展，维管组织的高效运输使水分与养料的供应都得到了很好的保证，这些特征使维管植物很快发展成为占据陆地的主导类群，在距今3.64亿年前的泥盆纪中维管植物即已十分繁盛。

迄今发现的最早维管植物化石产生于4.25亿年前的志留纪。这是被称为顶囊蕨或光蕨的矮小而简单的原始蕨类，它们与莱尼蕨等原始裸蕨类植物共同代表了维管植物的早期类型。在志留纪晚期曾经非常繁盛，到泥盆纪中期灭绝。

裸蕨类植物的形态

裸蕨植物因无叶而得名。一般体型矮小，结构简单，高的不过2米，矮的仅几十厘米。植物体无真正的根、茎、叶的分化，仅有地上生的极其细弱的二叉分枝的茎轴和地下生的拟根茎。但是却出现了维管组织，在茎轴基部和拟根茎下面，又长出了假根。这不但有利于水分和养分的吸收及运输，而且加强了植物体的保护和固着能力。与此同时，茎轴的表皮上产生了角质层和气孔，以平衡水分的蒸腾；孢子囊长在枝轴顶端，并产生了具有孢粉质外壁的孢子，强性的外壁使其不易遭受损伤和干瘪，有利于孢子的传播。

这些结构都是裸蕨比它们的祖先——藻类更能适应变化多端的陆生环境的新组织器官。这些组织器官与现代的高等植物相比，确实是十分简单和古老的，但是，裸蕨植物正是依靠这些简单的组织和器官应会了它们在陆生环境中所面临的困难，并为继续衍生更高等的陆生植物创造了初步的条件。这说明，裸蕨植物是由水生到陆生的桥梁植物，也是最原始的陆生维管植物。

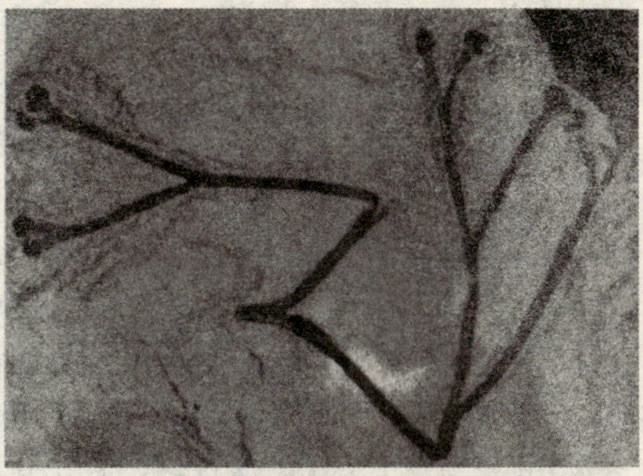
光蕨

裸蕨植物的类型

裸蕨植物不是一个自然分类单位，而是一个极其繁杂的大类群。通过化石资料研究，它们大致可分为三种类型，即瑞尼蕨型、工蕨型和裸蕨型。这三种类型的植物又都是来自最原始的裸蕨植物——顶囊蕨，由于顶囊蕨的孢子囊是光的，所以又叫光蕨。1937 年发现于英国、捷克斯洛伐克和美国，1966 年在我国云南也曾采到化石。顶囊蕨的茎轴不到 10 厘米高，非常纤细，二叉分枝，维管束也为二叉分枝，环纹管胞，孢囊顶生，孢子同型，肾形，是唯一的最古老的陆生维管植物。

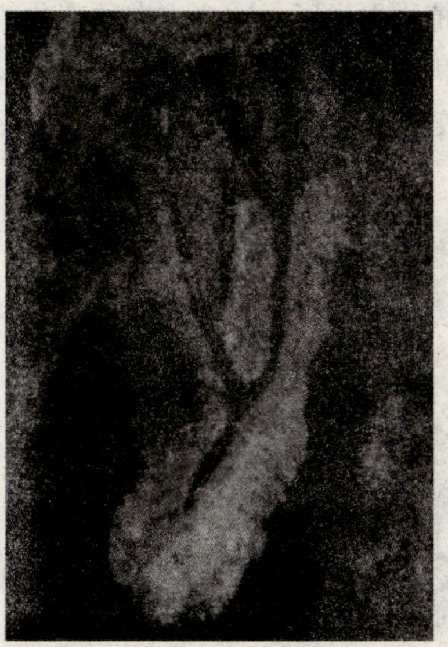
一种顶囊蕨

瑞尼蕨型，这一类植物的典型代表是瑞尼蕨。1917 年发现于英国的苏格兰。它是一群构造简单的小型草本植物。它的一些特征和现代蕨类植物完全相同。由一个原始的瑞尼蕨类型，向着两个途径发展：一条途径是，瑞尼蕨的能育和不育的顶枝简化，孢子囊聚合生长，并产生新的拟叶，由于枝的缩

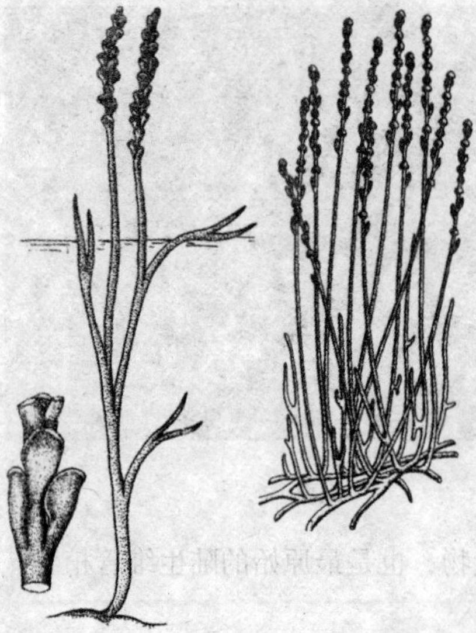

工蕨

短，孢子囊由顶生变为侧生，也就是聚囊位于拟叶上方的短枝顶端，成为蕨类植物中的松叶蕨类；另一个途径是，瑞尼蕨产生近似轮生的叶子，孢子囊穗上的孢子囊倒生、悬垂于反卷的小枝顶端，成为歧叶和芦形木，进而演化为具轮生分枝和孢子囊柄弯曲的木贼类。

工蕨型的代表植物是工蕨。工蕨不同于其他裸蕨植物的最大不同是：它在枝轴顶部组成穗状的侧生孢子囊，它们大都呈肾形，基部有短柄，并有沿着前缘切线开裂以扩散孢子的细胞加厚带。工蕨型植物诞生得比瑞尼蕨型植物晚，它是从较早出现的瑞尼蕨型植物的原始类型进化而来的。后来发现的一种早泥盆纪植物肾囊蕨，其植物体二歧式分枝和孢子囊单个顶生和瑞尼蕨型植物中的顶囊蕨一致，而孢子囊呈肾形，并沿前缘切向开裂，却又十分近似工蕨型植物。这一中间类型植物的发现，进一步说明了工蕨型植物是由瑞尼蕨的原始类型通过肾囊蕨演化来的。接着工蕨型植物发生了一次多方向的变化，而发展成为原始的石松类植物，其中一部分就成了现代石松类的祖先。

裸蕨型植物的代表为裸蕨。它的主轴比较粗壮，外部形态比瑞尼蕨型复杂。裸蕨的维管束木质部和主轴的直径相比，已经很粗了。从木质部的结构繁简可以判断它和瑞尼蕨型植物的某些渊源关系。这也就是说，裸蕨型植物发源于瑞尼蕨的原始类型。从裸蕨的形态结构和由几层厚壁细胞组成的外皮层，都说明足够支撑一个非常大的植物体了。裸蕨的孢子囊可纵向开裂以传播孢子，这是比较进步的。它是裸蕨型植物中最高级的种类。

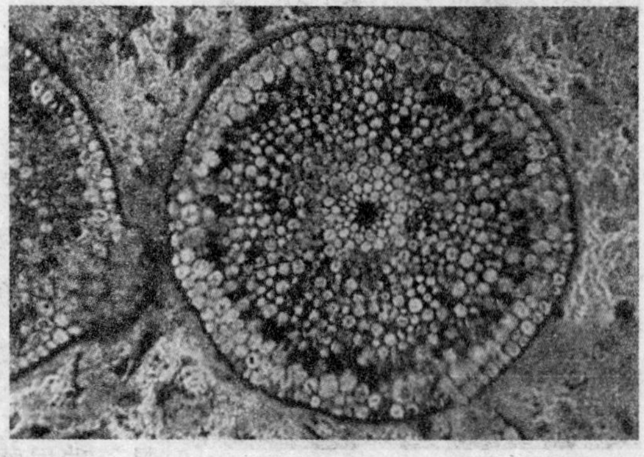

莱尼蕨

植物界系统演化中的主干

值得我们关注的是，在裸蕨型植物中，有一种叫三枝蕨的裸蕨型植物，它生存于早泥盆纪末，在它的主轴上长着螺旋状排列的侧枝，侧枝从主轴长出后，很快就发生一次相等的三叉式分枝，这种三叉式的每小枝向前长出不远，就又发生一次不等的三叉式分枝和两次二歧式分枝，然后在每个末级细枝顶端，生长成对的或三个彼此紧靠成束的孢子囊。从三枝蕨的分枝形式和顶生成束的孢子囊以及所在的地质时代，无不说明它和其他裸蕨型植物关系紧密的。但是植物体已很粗壮，加上枝轴形态结构的十分复杂，则为一般裸蕨型植物比不上，因而它很像是裸蕨植物与更高级的维管植物之间的过渡植物或中间类型。由此发展为真蕨类和前裸子植物，后者再进一步演化为各类裸子植物。

由此来说所有的陆生高等植物，除了苔藓植物，都是直接或间接起源于裸蕨植物，没有任何一种陆生维管植物能够绕过裸蕨植物而直接发源于水生藻类的。因此，裸蕨植物在植物界的系统发育中，上承生活在水中的藻类，下启陆生的蕨类和前裸子植物，是植物界系统演化中的主导力量。

蕨类植物的兴盛

裸蕨植物在泥盆纪末期已消失，取而代之的是由它们演化出来的各种蕨类植物；至二叠纪约1.6亿年的时间，它们成了当时陆生植被的重要成员。许多高大乔木状的蕨类植物很繁盛，如鳞木、芦木、封印木等。蕨类源于裸蕨植物，但已不裸，其实已有了根和叶。裸蕨和蕨类植物终于成了陆地生活的真正。

蕨类植物的演化

蕨类植物是地球上最早出现的陆生植物类群，具有4亿多年的悠久历史。虽然这个类群的鼎盛时期已过，但在今天，除了干旱的大沙漠、严寒的南极洲及大洋远离大陆的个别岛屿外，到处都有蕨类家族成员的踪迹。特别在温暖、潮湿的环境中，叶色翠绿、美丽动人的各种蕨类植物非常茂盛。由于它们中的许多种类叶片细裂如羊齿，因此又被人们称为“羊齿植物”。

高大的蕨类植物

蕨类植物源于裸蕨植物，裸蕨植物远在晚志留纪或泥盆纪时开始登陆生活。由于陆地生活的生存条件是很复杂，这些植物为适应复杂多变环境，而不断演变，以适应环境。在漫长的历史过程中，它们是沿着石松类、木贼类和真蕨类三条路线进行进化。

石松植物是蕨类植物中最古老的

一个类群，在下泥盆纪时就已出现，中泥盆纪时，其木本类型已分布很广，到石炭纪为极盛时代，二叠纪则逐渐衰退，而今只留下少数草本类型。其最原始的代表植物，是发现于大洋洲志留纪地层中的刺石松。现代生存的松叶蕨目植物没有根的结构，甚至在其胚的发育时期，也没有任何根的特征，它们先前从来就未曾有过根，所以根的不存在现象，是原始性状，不是由于退化的结果。

木贼类植物出现在泥盆纪时，最古老的木贼类植物是泥盆纪地层中的叉叶属（海尼属）和古芦木属。其特征与裸蕨类及木贼属均大致相同，故被认为是裸蕨类与典型木贼植物之间的过渡类型。

真蕨类植物最早出现在中泥盆纪时，但它们与现代生存的真蕨类植物有较大不同，故被分成为原始蕨类。重要的代表有1936年在我国云南省泥盆纪地层中发现的小原始蕨以及发现于中泥盆纪的古蕨属等。这些植物在体形上很可能代表介于裸蕨类和真蕨类之间的类型。古蕨属的发现，加强了真蕨亚门和裸子植物门之间在系统发育上的联系。许多人认为，最早的裸子植物是通过古蕨这一途径演变出来的。在漫长地质年代中，这些古代的真蕨植物到二叠纪时大多已消失。到三叠纪和侏罗纪时又演化发展出一系列的新类群。现代生存的真蕨大多具大型叶，有叶隙，茎多为不发达的根状茎，孢子囊聚集成孢子囊群，生在羽片下面或边缘，绝大多数是中生代初期发展的结果。

蕨类植物的特征

蕨类植物是植物中关键一类，是高等植物中比较低级的一门，是最原始的维管植物。大多为草本，少部分为木本。孢子体发达，有根、茎、叶之分，不具花，以孢子繁殖。世代交替明显，无性世代占主导。

羊齿植物化石

我们经常看到路边或林下有一株如拳头般卷曲的幼叶，或者不经意间发现一种草本植物的叶背有许多棕色虫卵状的结构（孢子囊群），或者仔细观察到某种草本植物的叶背（特别是叶柄基部）

蕨类植物

生有一些棕色披针形的毛状结构（鳞片），这些植物都是蕨类植物。可以说，识别蕨类植物的最好方法是：拳卷幼叶、孢子囊群、鳞片。

蕨类植物的一生要经历两个世代：一个是体积较大、有双套染色体的孢子体世代，另一个是体积微小、只有单套染色体的配子体世代。蕨类的孢子体也就是我们一般熟悉的蕨类植物体，包括根、茎、叶、孢子囊群等结构，其孢子囊中的孢子母细胞经减数分裂即形成具有单套染色体的孢子，孢子成熟后，在风力和水力帮助下传播出去，遇到合适的环境，即开始萌发生长，最后形成如小指甲大小的配子体，配子体上生有雄性生殖器官（精子器）和雌性生殖器官（颈卵器），精子器里的精子，借助水游入颈卵器与其中的卵细胞结合，形成具有双套染色体的受精卵，如此又进入孢子体世代，即受精卵发育成胚，由胚长成独立生活的孢子体。

蕨类植物的分布

蕨类植物体内输导水分和养料的维管组织，发达程度与远不及种子植物的维管组织差远了，蕨类植物的有性生殖过程离不开水，也不具备种子植物那样非常多样的传粉受精、用以繁殖后代的机制。因此，蕨类植物在生存竞争中，臣服于种子植物，通常生长在森林下层的阴暗而潮湿的区域里，少数耐旱的种类能生长于干旱荒坡、路旁及房前屋后。

古羊齿植物化石

实际上，除了大海里、深水底层、寸草不生的沙漠和长期冰封的陆地外，蕨类植物几乎到处都有。从海滨到高山，从湿地、湖泊，到平原、山丘，到处都有蕨类的踪迹。有的在地表匍匐或直立生长，一些长在石头缝隙或石壁上，一些附生在树干上或缠绕攀附在树干上，也有一部分种类生长在海边、池塘、水田或湿地草丛中。蕨类植物很大部分是草本植物，极少数种类，比如桫椤，能长到几米至十几米高。

现在地球上生存的蕨类约有12 000种，世界各地都有，但其中的绝大多数分布在热带、亚热带地区。我国约有 2 600 种，多分布在西南地区和长江流域以南。我国西南地区是亚洲，也是世界蕨类植物的分布重要地区。云南的蕨类植物种类约 1 400 种，是我国蕨类植物最多的省份。我国宝岛台湾，面积不大，但蕨类植物有 630 余种之多，台湾是我国蕨类植物最繁杂的地区之一，也是世界蕨类物种密度最高的地区之一。

蕨类植物与人类密不可分。其中有人们早已熟知的药用植物，如贯众、金毛狗脊、问荆、瓦韦、石韦、海金沙、槲蕨、荚果蕨、卷柏、凤尾草等；也有现代流行的观叶植物，如鸟巢蕨、铁线蕨、肾蕨、银粉背蕨等。此外，蕨类植物中还有可食用的山野菜、淀粉植物以及饲料、绿肥、油料、染料等经济植物。

蕨类植物之王——桫椤

植物王国里蕨类植物是高等植物中比较低级的一个类群，亦称为羊齿植物。在远古时，蕨类植物原本大部是些高大的树木，后来因很多灾难，大多数被埋在地下变成了煤炭，目前生存在地球上的大多是较矮小的草本植物，只有极少的一些木本种类免遭此难，生存至今，桫椤便便属此类。目前，桫椤已被科学界称为研究古生物和地球演变的活化石。

桫椤生长在热带、亚热带森林中，高 3 ~ 8 米，在南太平洋岛屿的森林中，最高可达20 米左右，是世界上最高大的蕨类植物。树蕨的树干呈圆形，有点像椰子树，叶形如凤尾，株形娉娉婷立，中部以上有明显的变形叶痕交错排列，深褐色或浅黑色，外面坚硬，且有老叶脱后痕迹，而长的羽状复叶，向四周伸展，远看像一把大伞，撑在地面之上；幼苗好似金毛狗脊，形态幽雅。树蕨没有花，也不结果实和种子，它是靠藏在叶片背面的孢子延续后代的。

桫椤适宜温暖湿润的气候，常常生长在林下或河边、溪谷两旁的阴湿之地。桫椤有不少用途。其茎富含淀粉，可供食用，又可制花瓶等器物。而且可入中药，在药中具有去小毒，可驱风湿、强筋骨，清热止咳。桫椤形体优美，是很好的庭园观赏植物。

裸子植物的崛起

蕨类植物以饱子来繁殖后代，在开始出现的时候，也诞生了以种子来繁殖后代的植物。种子植物的诞生，使植物界在演化过程中大大地向前迈进了，成为植物界最后的“胜利者”。古老的种子植物，开始摆脱了对水的依赖。不过像松柏类植物的胚珠，发育在形成鳞片的特殊叶子上，胚珠暴露于外面，由于胚珠发育成的种子是裸露的，所以称为裸子植物。从二叠纪至白垩纪早期，历时约1.4亿年。许多蕨类植物由于不适应当时环境的变化，大都陆续灭绝，陆生植被的主角则由裸子植物所取代。中生代为裸子植物最繁盛的时期，故称中生代为裸子植物时代。

裸子植物的起源

当古生代的蕨类植物形成地球上第一个原始森林的时候，比蕨类植物更加进步的裸子植物已经在泥盆纪晚期悄然产生了。但是在当时，地球上的气候温暖潮湿，蕨类植物的发展更繁盛，裸子植物还不能获得主导地位。到了二叠纪晚期，气候转凉而且变得干燥，蕨类植物不能很好地适应这样的新环境，慢慢退出了植物王国的舞台，裸子植物开始发挥出其潜在的优越性而得到了很快发展，并将它的繁盛一直持续到白垩纪晚期。可以说，爬行动物王国里的植被是以裸子植物为特征的。

松树的球果

裸子植物是地球上最早用种子进行有性繁殖的，在此之前出现的藻类和蕨类则都是以孢子进行有性生殖的。裸子植物的主要表现在用种子繁殖上。

二叠纪晚期之前，蕨类植物之所以能发展迅速，主要依靠其孢子体产生大量孢子，传播到各处，在温暖潮湿的环境下，很容易萌发成为配子体；配子体独立生活，在水的帮助下受精形成合子，合子萌发后形成新一代的孢子体。但是在干燥环境下，孢子很难萌发成配子体，萌发出的配子体很好存活；特别是没有水不能受精，这就使蕨类植物的繁殖不能顺利进行。

公铁树

裸子植物的配子体不脱离孢子体独立发育，而是受到母体保护；它的受精不需要水作为媒介，而是采用干受精的方式。受精卵在母体里发育成胚，形成种子，然后脱离母体。如果环境条件不好，种子不会马上萌发，待到条件适宜时，它们再萌发成为新的植物体。因此，裸子植物保存和延续种族的能力就迅速增强了。

裸子植物起源于既有真蕨类特征，又有裸子植物特征的植物，即前裸子植物，其中包括古羊齿类和戟枝蕨类。在晚泥盆纪时，由前裸子植物进化出一支乔木状的植物，它的叶子大多是典型蕨叶型的羽状复叶，但是却有种子，所以被称为种子蕨。种子蕨尽管有了种子，但却没有胚；虽然有了花粉粒，却还没有花粉管，也就没有花。这一方面证明了种子蕨是处于原始状态的种子植物的祖先，另一方面也证明了植物系统发育中种子的出现早于花和果实。

在此基础上，裸子植物分化出了苏铁类和松杉类两大类，并在中生代得到迅速的发展，成为爬行动物王国里植被中的主导成员。

裸子植物的特征

现代裸子植物约有 800 种，隶属 5 纲，即苏铁纲、银杏纲、松柏纲、红豆杉纲和买麻藤纲。裸子植物广布于南北半球，北半球更为广泛，从低海拔至高海拔、从低纬度至高纬度均有分布。裸子植物的科、属、种数虽远比被子植物少，但森林覆盖面积却相似。在高纬度及高海拔气候温凉至寒冷的地区，几乎都是某些裸子植物形成的单纯林或组成的混交林。

裸子植物很多为重要林木，特别在北半球，大的森林 80% 以上是裸子植物，如落叶松、冷杉、华山松、云杉等。多种木材质轻、强度大、不弯、富弹性，是很好建筑、车船、造纸用材。苏铁叶和种子、银杏种仁、松花粉、松针、松油、麻黄、侧柏种子等均可入药。落叶松、云杉等多种树皮、树干可提取单宁、挥发油和树脂、松香等。刺叶苏铁幼叶可食，髓可制西米，银杏、华山松、红松和榧树的果实可食用。

“活化石”——银杏和水杉

在裸子植物中，银杏和水杉都被誉为“活化石”，因为它们都一度死里逃生。而后又逐渐发展起来。

银杏是落叶乔木，高约 40 米，枝开展上升，长枝上另生短枝，短枝上簇生叶子。叶形像扇子，也似鸭掌。绿叶变黄，另是一番景色。银杏雌树花落后结成枣子大小的种子，初时青色。

银杏是古老的较原始的裸子植物。远在 2.7 亿年前石炭纪末期，银杏已开始生发，到侏罗纪时已处于极盛时期，布满全球。到了白垩纪，地球上的气候发生变化，适应性更强的被子植物出现，银杏就趋向衰退了。到了第四纪，由于气候巨变，冰川的侵袭，银杏在欧洲、北美洲全部消失，亚洲大陆也濒于绝种。

水杉高 30 ~40 米，主干挺拔，侧枝横伸，交替着生主干，下长上短，层层舒展，宛如尖塔。线形而扁平的叶子，分左右两侧着生在小枝上，叶子随季节而改变颜色。水杉是速生的用材树，又是风景林，既耐严寒，又不怕高温，如今全世界已有 50 多个国家栽种水杉成功。

“活化石”水杉

水杉是杉科乔木，叶形和落叶习性与水松相似，但水松球果上的果鳞是覆瓦状排列的，而水杉的果鳞是交互对生的。水杉在白垩纪已

苏铁开花

经出现在地球上了，后来也曾逐渐地遍及在北半球。到了第四纪，在巨大的冰川影响下，它被毁灭了，成为化石植物，终于退出生物界的舞台。这种植物化石在中国东北和库页岛上曾陆续被发现，科学家们断言，这种植物已经在地球上消失了。

1941 年，我国植物学工作者第一次在四川省万县磨刀溪发现了一株奇树，后来又发现了更多。经科学家鉴定，定名为水杉，是“活的化石”，成了 20 世纪植物学上的一项重大事件，震憾了世界。

为什么银杏和水杉能够生存下来成为活的化石植物呢？原来，银杏的残存地浙江西天目山深谷，水杉的残存地川鄂边境的磨刀溪，都位于中国南部的低纬度区，地形复杂，阻挡着冰川的袭击，而中国的冰川比较零星，大多是山麓冰川，加上河谷地区受到温暖湿润的夏季风影响，冰川活动被局限在局部地区。这种优越的自然环境，成了这些古老植物的藏身之所，因此得以延续下来。

铁树开花

铁树开花是件十分难得的事。铁树，也叫苏铁，裸子植物，苏铁科，常绿乔木，不常开花。铁树开花是句成语，难以实现的事情，铁树开花就真的那么难吗？

其实，铁树是一种热带植物，喜欢温暖潮湿环境，不耐严寒。在南方，人们常常把它栽种在庭院里，如果气候适宜，可以每年都开花。如果把它移植到北方，由于气候低温干燥，生长会非常迟缓，开花也就变得比较稀少了。铁树分为雌性和雄性两种，雄铁树的花是圆柱形的，雌铁树的花是半球状的，易于辨认。

据说铁树的生长发育需要土壤中有铁成分供应，如果它生长情况不好，在土壤中加入一些铁粉，就能使它恢复健康。有些人干脆把铁钉直接钉入铁树的体内，也能起到很好的效果。也许这便是铁树名称的由来吧！

“突然”出现的被子植物

被子植物是植物界中最高级，分布最广、形态变化最多和构造最复杂的一类种子植物。因为有美丽的花朵，又称显花植物。被子植物属种多、数量大，自新生代以来一直居于植物界的主导地位。被子植物是从白垩纪快速发展起来的植物类群，并取代了裸子植物的主导地位。至今，被子植物仍然是地球上种类最多、分布最广泛、适应性最强的优势类群。当然其他各类植物也都在不断发展。

辽宁古果破解“讨厌之谜”

大自然只有进入被子植物时代，才有了实际上的花，大地才开始变得五彩斑斓、生机勃勃。哺乳动物更是随着被子植物的兴起而繁盛，并进化发展到高级阶段。正因为被子植物与人类生活密不可分，是人类生存发展不可替代的物质资源，所以它的起源及早期演化，一直是古植物学领域的重大问题。

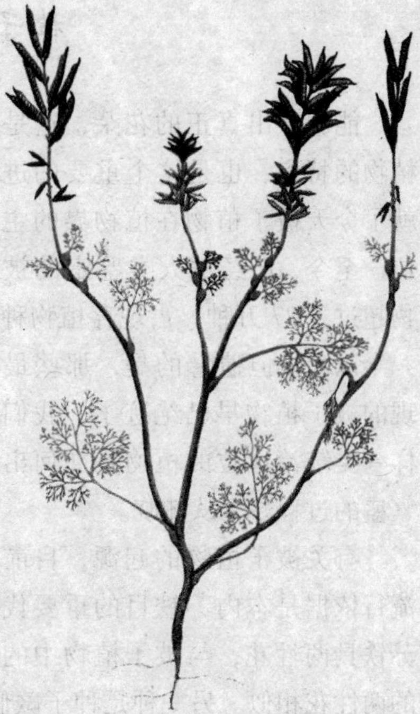
“辽宁古果”复原图

100多年前，英国生物学家达尔文曾因被子植物突然在白垩纪大量出现，并因找不到它们的祖先类群和早期演化的线索而感到迷惑，称之为“讨厌之谜”。100多年后，“辽宁古果”的出现为解开这个谜提供了重要依据。

1996年一天，古植物学家孙革在研究室里小心翼翼地打开用纸包裹着的化石

达尔文

时，他被眼前的第三块化石吸引住了：在这片化石上有一株貌似蕨类的分叉状枝条，其似叶子的部分呈凸起状，明显不同于常见的蕨类植物。50多岁的孙革想是不是眼花了，他再用放大镜仔细观察。的确，在主枝和侧枝上呈螺旋状排列着40多枚类似豆荚的果实，每枚果实中都包藏着2～4粒种子。他又把化石置于放大镜下认真地观察，可以清晰地看到，种子被保藏在果实之中。这是勿庸置疑的被子植物。

虽然“辽宁古果”只是向世人展现了古老的果实，但由于果实只能由花朵形成，所以，找到了最古老的果实也就预示着发现了最古老的花朵。

被子植物的起源

能够开出真正的花朵，这是被子植物的特点，也是这个重要的进化造就了今天被子植物在植物界的主导地位。至今，已经被人类鉴定的被子植物超过了27万种，占现存植物种类的一半以上。但遗憾的是，那些最早出现的被子植物早已绝迹了，我们对这样一类统治地位的植物是如何出现并繁盛的过程并无从知晓。

“辽宁古果”化石

有关被子植物的起源，目前比较流行依据是本内苏铁目的重要代表准苏铁具两性花，与被子植物中的木兰的两性花相似。另一种是种子蕨假说，认为被子植物和种子蕨植物都有胚珠和用种子来繁衍后代的共同点。另外，一些说法是被子植物的来源不是单元的而是多元的。

被子植物出现于早白垩纪末期，产自美国加利福尼亚州的“加州洞核果”，被认为是早期的被子植物果实化石。早白垩纪的被子植物化石还发现于美国弗吉尼亚，我国东北地区，前苏联西伯利亚东部，欧洲葡萄牙和英国等地。早白垩纪被子植物化石都是和大量的真蕨、苏铁、银杏、松柏植物伴生，而且在植物群中占很小的比例。此外，已发现的早白垩纪被子植物化石多半是先进的类群，所以早白垩纪被认为是被子植物的高度进化和发展的时期。被子植物应当起源于前白垩纪。

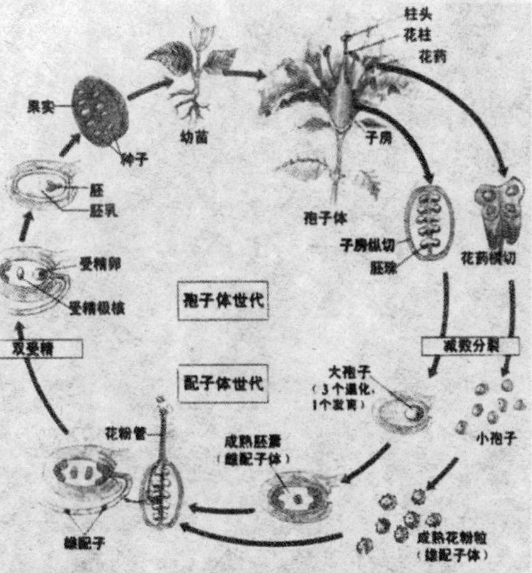

被子植物的生活史

晚白垩纪开始，被子植物在世界各地迅速大量繁殖，它们的属种和个体数量都超过任何其他植物。据统计，这一时期已发现的被子植物化石约有60科以上，达30000种之多。许多被子植物的形态同现代的差别很大，大多为木本双子叶植物，只有极少数为水生草本植物和单子叶植物。

自白垩纪上半叶直至现在，被子植物是地球上最先进化和分布广泛的优势植物。被子植物的出现，不但使大自然披上绿装，而且促进了生物界的更进一步发展，特别是对陆生动物，如哺乳动物、鸟类、昆虫等的发展，具有决定性的作用。

被子植物的形态与分类

被子植物的孢子体非常发达，有明显的根、茎、叶和花的分化，为乔木、灌木或一至多年生草本。绝大多数被子植物的木质部有导管，韧皮部有筛管和伴胞，但某些水生、寄生、腐生和肉质被子植物在进化过程中，导管消失了。少数原始的被子植物没有导管。叶为有叶隙的大型叶。花通常由花萼、

天山雪莲

花瓣、雄蕊和雌蕊组成。

因为被子植物的种子被包在密封的果实之中，所以名为被子植物。双受精作用使被子植物确保了第二代孢子体的营养，并获有双亲的遗传物质，从而提高了种子的变异性，使后代产生了更加复杂和完善的内部形态和器官，以至在长期的进化中获得了比裸子植物有较多的可塑性与适应性。所以只有出现了被子植物的大发展，才能把大地装扮得生气勃勃，才使得生物界发生巨大的变化。

被子植物根据胚的子叶数目分为两个纲：双子叶植物纲和单子叶植物纲。双子叶植物纲，木本、草本、藤本植物皆有，胚具两个子叶。主根发达，维管束有形成层，通常可进行次生增粗，并可形成年轮。叶脉主要是网状脉。有单叶和复叶。花各部常为 5 或 4 的倍数。单子叶植物纲，大部为草本，胚常具一个子叶。须根发达。具散生封闭式维管束。茎不能进行次生增粗，不形成树皮。

关于单子叶植物与双子叶植物的关系，一般认为双子叶植物比单子叶植物更原始、更古老，并以此推论单子叶植物是从双子叶植物进化而来的。

被子植物的分布

被子植物是植物界进化最高级、种类最多、分布最广、适应性最强的类群。各个气候带均分布有。因气温高、雨水多的缘故，热带、亚热带最多。南美亚马孙河区有约 4 万种。温带地区因气温降低，雨量少了，种类渐减。北极地区则减少很多，许多地方几乎无被子植物，仅少数地方有少数种类顽强生存。如北极柳、北极罂粟，其分布纬度达 80°以上。在南半球南极大陆的莫尔吉特湾詹尼岛附近，有石竹科植物厚叶柯罗石竹生存。另外，从海拔高度看，地势越高，气温越低，植物种类组成也有变化；在珠穆朗玛峰地区，气候严寒，只有一部分耐寒种类方可生存。雪莲花在新疆天山高处也有分布。

恶劣的自然环境还有沙漠。如我国新疆维吾尔自治区的沙漠地区，有胡杨和梭梭生存，它们喜干旱气候。北非撒哈拉大沙漠中下雨极少，有的地方多年无雨。有一种植物叫矮生齿子草，因为极端干旱形成只有几十天极短的

胡杨是第三纪残余的古老树种，距今约有 300 万 ~600 万年的历史，是一种生长在极度干旱地区的稀有树种，根系十分发达，具有极强的生命力，被誉为“生长千年不死、死后千年不倒、倒后千年不朽”的神奇树木。目前，我国存活寿命最长的胡杨树已经有 800 多年的树龄。

生命周期，称为短命植物。它在稍有雨水时，能发芽生长到开花结实，完成传宗接代任务。平时稍有湿润，花就张开，一旦干燥，花即闭合，非常敏感。美洲墨西哥的沙漠地区，有一类特别适应干旱的植物就是多浆植物，著名的为仙人掌科。全身多刺，叶退化，茎含水多，可用以抗旱。其中有的种类形如巨人，如用刀砍开，可以直接喝到水。在盐碱地上，有抗盐性强的被子植物，以藜科最著名，如盐角草为一年生草本，肉质，叶极小，茎节状，可以进行光合作用。

四、植物进化之最

最长寿的树木

中国的古树堪称世界奇迹。寿命最长的要首推“黄陵古柏”。这株著名的古树，生长在陕西省黄陵县桥山上轩辕黄帝陵的庙院内。树高 20 米，胸围 10 多米，七人合抱尚不能合围。据传说，为轩辕黄帝亲自所植，据今已有四五千年。

台湾阿里山的神木——红桧，据说有 3000 年的历史！

山西省太原市城南 25 公里处的全国重点文物保护单位晋祠，有一景称作“周柏齐年”，是指一株周朝的柏树，距今已 3000 余年。

山东莒县的定林寺有一株硕大的银杏树，也有 3000 多岁，现在仍挂满果实。

广西贵县南山寺殿后洞口峭壁上有一颗松树，在崖上刻有“不老松”三个字，3000 年来一直枝干挺拔，人们常常借此作为长寿的吉祥物。

山东曲阜孔庙中一株桧树，传为孔子所植，距今 2400 年。

近年来，在西藏高原上发现了许多古柏，其中有的达 2300 年以上。在广西越城岭下金州县大西江乡境内的钱塘山谷，发现了一株古樟，据县志记载，已有 2000 多年的历史。

在江苏苏州吴县的司传庙有四株古柏，分别名为清、奇、古、怪，各有特色，特别是怪柏，屡经风雨，仍发新枝，据估计算，这四株古树已有 1800 余岁的高龄。陕西勉县诸葛亮墓前有 20 多株古柏，皆为 262 年栽植，距今有 1700 多年。

银杏

江西庐山的黄龙寺，寺前的晋朝时候的银杏和两株椰杉，

岱庙汉柏

树高40多米，距今已一千五六百年。据该县说是一个名叫墨铣的和尚种植的。

南京工学院有一棵六朝松，已活了1400多年。

福建莆田县城关原宋氏宗祠庭院内，有一株名叫“宋家香”的荔枝树，植于唐玄宗年间，至今已有1200多年的历史，夏日仍枝叶繁茂。

四川成都草堂公园的罗汉松，据说是杜甫亲身种植的四松之一，至今有1200余年。

此外，还有泰山秦始皇封的“五大夫松”、河南嵩山嵩阳书院的汉将军柏、泰山岱庙的“汉柏”、四川灌县青城山的汉银杏、湖南衡山福严寺的“唐代银杏”、浙江金华的古柏、山东崂山的“华盖未干”，古城西安及山西太原城内的唐槐、昆明黑龙潭的宋柏、北京中山公园的辽柏、劳动人民文化宫的古柏、北海公园的唐槐、门头沟区戒台寺内的卧龙松、迎客松、府学胡同内由民族英雄文天祥手植的古槐，等等，皆久负盛名，为游人惊叹。

非洲西部加那利岛上的一棵龙血树，500多年前，西班牙人测定它大约有8000~10000岁。这才是世界树木中的老寿星。可惜在1868年的一次风灾中死亡了。

龙血树是常绿的大树，树身一般高20米，基部周围长却有10米，七八个人伸开双臂，才能抱住它。它流出的树脂暗红色用以作防腐剂，当地人民称为“龙之血”，故名为龙血树。

最古老的杨树

现在的杨树家族中，胡杨是最古老的一员。这是因为我国新疆库车千佛洞和甘肃敦煌铁丘沟的第三纪地层中曾发现过它的化石，距今大约已6500万年。当今世界上的胡杨资源逐渐减少，然而我国新疆塔克拉玛干大沙漠边缘还有世界上稀有的一片胡杨林，为新疆有名的三大自然林区之一。

这片林区面积有33万多公顷，蓄积量为460万立方米。那里的气候干燥，年降水量只有10～50毫米，而沙层下的含盐量竟达50%。所以，这片胡杨林是我国干旱沙区宝贵的自然资源，在改善当地的环境条件，保障农牧业生产中起着不可估量的作用。

胡杨为什么能够生长在如此干旱，盐渍化程度如此高的土壤中？是因为胡杨有许多适应干旱和盐碱的特征。首先，胡杨的根异常发达，特别侧根密

胡杨

织如网，有人测算过，一株15年生的胡杨树，它的根深虽只有50～70厘米，但侧根却分布长达20米，因此，能在沙地上岿然屹立。同时，胡杨的叶子十分奇特，在不同时期，有不同大小和形状，如在年幼时，叶为长条形，这样可以减少水分的蒸发，而到成年之后，则变为三角形，卵圆和肾形，而且上面也渐渐革质化，降底了水分的蒸发。

胡杨的身体像骆驼一样储存很多水分，而且耐干旱，越干旱，它储存的水分也越多。如果把胡杨的树干折断，水分蒸发后，叶的表面也分泌着丰富的盐碱，科研人员曾测定一株胡杨，其叶的表面有5%的盐碱，根约2.5%，树皮约有10%，这是胡杨为什么能在含盐高达3%的土壤中生存的原因所在。胡杨是盐碱地中的英雄。

胡杨耐盐碱干旱，不可能长得很高，一般不过2米多，但在塔里木盆地安道尔河下游却生长着一棵罕见的“胡杨王”，它高达22米，树冠直径20米，枝下高5米，胸径粗2米，约有250岁左右。

胡杨不仅是沙漠英雄，而且它的木材纹理美观，不受虫蛀，既耐腐，又耐水湿，是制作家具、桥梁、电杆、坑木的良材。据称，解放初期修建的塔里木大桥，就用了胡杨木，胡杨木材的纤维还很长，可达1100多微米，是良好的造纸原料。此外，一颗胡杨可以采收1市斤以上的胡杨碱，其纯度高达百分之六七十，可食用、制肥皂及化工原料，其树叶还是喂羊的好饲料。

最古老的松树

松树与竹、梅并列，称为“岁寒三友”。

松树的家族十分庞大。目前全世界约有230多种，其中我国就有115种，而属于我国特产的则有金钱松、白皮松、云南松、海南松、杜松、罗汉松、美人松等，此外，素有盛名的还有红松、黄山松、马尾松等等。

在山东泰山的云步桥上有三株劲松，据说秦始皇曾在树下避过雨，后被封为“五大夫松”，人称秦松，但真正的秦松已被大水冲去，现存的三株是清

五大夫松

代雍正八年（1730 年）补栽的。在山南麓普照寺内有“六朝松”，前人称为古松筛月。松树最多处是对松山，这里两山对峙，万松叠翠、松涛满谷，正是“岱宗最佳处，对松真绝奇”。

旅游胜地黄山有四大奇景，其中就有苍劲多姿的古松。其中的“迎客松”最负盛名，其枝丫向一侧倾斜伸出，好像向远方的游人点头到长敬，以示欢迎。此外，还有“送客松”“陪客松”，状如蒲团的“蒲团松”，惟妙惟肖的“麒麟松”、“凤凰松”……赞叹不已。

北海公园团城上承兴殿东侧有株劲松，已有 800 多岁，当年乾隆皇帝见它浓荫蔽日，遂封它为“遮荫侯”。

“原始松树林”在北京延庆的松山天然森林公园是十大风景之一，林中有一颗“松树王”，直径有 76 厘米，已有 500 多年历史。

在内蒙鄂尔多斯高原东缘，黄河西岸的黄土丘陵沟壑区，生长着一株年代久远的古松。其体格魁伟，高达 25 米，胸径 134 厘米，完幅 14.5 × 16.4 米，材积 13.5 立方米，树龄已近 900 岁，被人称作“油松王”。

在广西壮族自治区贵县南山寺殿后洞峭壁上有一颗古松，树龄已达 3000 年，被认为是我国迄今发现的最古老的一颗松树，虽历经寒暑，但一直葱郁挺拔。在崖上刻有“不老松”，游人喜欢与古松合影，不但有纪念意义把它作为长寿的象征。

最古老的樟树

人们常用的卫生球即本樟脑球就是从樟树中提炼而来的。

樟树是南方最常见的树木之一，属于樟科樟属，在全世界共有250种，广布于亚洲（热带），澳大利亚至太平洋岛屿和美洲（热带）。我国约有40多种，主要生长在华南各省。北可达甘肃及陕西南部，其中种数最多的是云南，其次是广东、四川等地。

樟树是常绿的高大乔木，叶革质，有光泽，椭圆形。五月开黄白色小花，十月间结出大如黄豆的黑色果实。

樟树全身是宝。樟叶可饲养樟蚕，其蚕丝是织鱼网的好材料，同时又能提炼栲胶，农业上用于防治水稻螟虫。樟树从根到叶，它全身都可以提炼樟脑和樟油，是制造胶卷、胶片、赛璐珞的不可缺少的原料，普遍用于医药、防腐、防虫蛀以及制作香料，特别是它的木材，呈黄褐色，纹理顺直，由它制成的樟木箱，可防虫蛀，所以非常受人们的喜爱。樟树的根材也很美，常用制成艺术品供人观赏。

樟树的栽培历史历史悠久。司马迁《史记》中就有“江南出枸、樟”的记载。因此，我国至今还有珍贵的千年古樟。

在杭州西湖，原张相寺后有一株香樟，树皮褐色呈不规则裂开，近地面的皮层全部剥落，由基部发生数枝，主干已空，有多数裂孔，姿态苍劲，古朴可观，已1000多年历史。

樟树

我国的宝岛台湾是世界最有名的樟脑产地，其樟脑产量约占世界总产量的70%。海拔500~1800米的广大山区差不多全是樟树的地盘，形成特有的“樟树带”。在那儿，据说还可以看见高达50米，胸径5.1米的“擎天巨树”。

现今世界上最古老的一颗樟树，当属近年在广西越城岭下金州县大西江乡境内的钱塘山谷发现的那一株，其胸径达6.6米，高30多米，树枝如伞，荫地占十余亩。据当地的县志记载：这株树已有2000多年的树龄。它的发现，对进一步研究发展樟树生产有重要意义。

最古老的柏树

嵩阳书院位于中岳庙附近，是中原旅游区的著名旅游景点之一。游客来此，除了参观古代文化遗产外，主要看全球稀世珍宝——汉封将军柏。

嵩阳书院，原有三棵“将军柏”（现只有两棵），最小的称为“大将军”，最大的偏称“二将军”、“三将军”。将军柏符名不其实，级职不相称，这里有汉武帝错封三柏的传说。

据说，公元前110年，汉武帝刘彻登游嵩山，来到嵩阳书院游览，他一进头道门，看见一棵柏树身材魁梧，枝叶繁茂，不禁赞叹不已，于是信口赐封它为“大将军。”

封罢大将军，汉武帝在群臣的呼拥下，朝院内走去。来到正中院，迎面又看见一棵大柏树，这棵柏树要比“大将军”大几倍，汉武帝心中颇为懊悔。但金口已开，没法更改，犹豫再三，封你二将军。

群臣簇拥着皇帝，继续往前走，又见到一棵更大的柏树，汉武再改口已是不可能了。只能按先来后到次序加封，封之为三将军。

三棵受封的大柏树，都感到不是滋味。三将军柏认为自己是嵩山地区最大的柏树，封它三将军很不服气，一命呜呼，现在游人已看不到它了。二将军柏把肚皮气炸了，现在该树树干下部，还有裂迹。大将军柏深感受之有愧，没脸抬头见人，慢慢地变成了现在这样的弯腰树。时到今日，两棵汉封的将军柏，依然生长在嵩阳书院的大院里，汉武帝怎会想到这两柏树，已成为他知错不改的见证呢？

“华夏第一柏”历经了4500年的风风雨雨，风烛残年，加上病虫的侵袭，生态环境的破坏，垂暮的它变得越来越憔悴。“大将军”活的皮层仅占干周的26.9%，“二将军”活的皮层仅占干周的11.5%，裸露木质腐烂严重，枝叶稀疏，长势不好，随时都有倒地的可能。为抢救国宝，登封市委、市政府和文物部门对将军柏进行了树体修复和复壮。

嵩阳书院“将军柏”是国宝，又是活文物。古柏“病危”引起了登封市

将军柏

委、市政府和文物部门的高度关注，2003年12月2日登封市文物局邀请北京园林局古树专家、高级工程师丛生对书院内“大将军”、“二将军”的健康状况作诊断。丛先生聘请为这两棵古柏制订树体修复和复壮方案，登封市文物局又特邀黄山、武夷山、河南农科大及新乡园林局的古树专家对原方案进行了审议和补充，并由丛先生指导施工。

据丛先生介绍，通过这次树体修护和复壮，树身将得到有效的加固，随着生长环境的进一步改善，生长状态良好，如果不出意外的话，此树在今后的几十年乃至上百年都不用再进行如此大的修护工程。丛先生高兴地说，如维护得力，“将军柏”再活千载亦可能。

最奇特的吃虫植物

猪笼草是食虫类的常绿半灌木，高约3米。它长有奇特的叶子，基部扁平，中部很细，中脉延伸成卷须，卷须的顶端挂着一个长圆形的“捕虫瓶”，瓶口有盖，能开能关。因外形如运猪用的笼子，因此得名。

捕虫瓶的构造比较奇特，瓶子的内壁有很多蜡质，十分光滑；中部到底部的内壁上约有100万个消化腺，能分泌许多无色透明、稍带香味的酸性消化液，这种消化液中含有能使昆虫麻痹、中毒的胺和毒芹碱。一般情况下捕虫瓶内总盛有半瓶左右的这种消化液。同时，在捕虫瓶的瓶盖内侧和边缘部

猪笼草

分有许多蜜腺，能分泌出香甜的蜜汁，能诱惑昆虫。当捕虫瓶敞开着这蜜罐盖时，吸引许多贪吃的小昆虫，一不小心小虫掉进捕虫瓶里，瓶盖马上自动关闭，昆虫很快中毒死亡。很快，所有的肢体都被消化变成猪笼草的营养被吸收。接着“蜜罐”盖又会打开，等待寻找下一个猎物。猪笼草喜欢在向阳的潮湿地带生活，如果生长的土地过于干燥，它就不会长出捕虫瓶。

猪笼草又名猪仔笼，为猪笼草科猪笼草属植物。具有观赏价值的多年生半木质长绿藤木植物猪笼草，其美丽的叶笼非常诱人，是目前食虫植物中最受人喜欢的种类。猪笼草是最重要的食虫植物，为热带食虫植物的代表种。它形态构造奇特，捕虫能力很强，一个叶片的袋内捕食各种虫子可达上百只，是消灭各种蚊蝇、蚁类等家庭卫生害虫的绿色卫士。

猪笼草原产东南亚和澳大利亚的热带地区。1789 年引种到英国，然后在欧洲的主要植物园内栽培观赏。1882 年育成了第一种猪笼草——绯红猪笼草。1911 年又选育了库氏猪笼草。到了 20 世纪中叶，猪笼草的育种、繁殖和生产开始产业化，并进入家庭种植。自 20 世纪 90 年代以来，美国、日本、法国、德国、澳大利亚等国成立了国际食虫植物组织。

猪笼草

猪笼草虽然在我国的广东等地有野生分布，但人们很少应用。直到 20 世纪 80 年代以后，从国外引进了猪笼草优良品种，主要用于花卉展览。如何让有趣的猪笼草进入千家万户，并成为我国盆栽花卉之一，不失为猪笼草的一个发展方向。

猪笼草为多年生草本。叶互生，长椭圆形，全缘。中脉延长为卷须，末端有一小叶笼，叶笼小瓶状，瓶口边缘厚，上有盖，成长时盖张开，不能再闭合，笼色以绿色为主，有褐色或红色的斑点和条纹。雌雄异株，总状花序。

同属种类有瓶状猪笼草，叶笼短，黄绿色。二距猪笼草，叶披针形，笼面深绿色。绯红猪笼草，笼面黄绿色，具褐红色斑条。库氏猪笼草，叶笼短，黄绿色，具红褐色斑条。中间猪笼草，笼面绿色，具淡紫红斑点。劳氏猪笼草，笼面黄绿色，具褐色斑点。奇异猪笼草，笼面黄绿色，叶笼上口具红晕。拉弗尔斯猪笼草，笼面黄绿色，具淡紫褐色斑点。大猪笼草，叶笼大，长 30 厘米，笼面红褐色，具绿色条纹。血红猪笼草，笼面淡红色。狭叶猪笼草，笼面褐绿色，具红色斑点，叶笼长 15 ~ 18 厘米，宽 3 ~ 4 厘米。华丽猪笼草，笼面黄绿色，具深红色条纹斑。长柔猪笼草，笼面红褐色。

猪笼草的生长适温为 25 ~ 30℃，3 ~ 9 月为 21 ~ 30℃，9 月至翌年 3 月为 18 ~ 24℃。冬季温度不低于 16℃，15℃以下植株停止生长，10℃以下温度会使叶片边缘遭受冻害。

猪笼草对水分的反应比较敏感。猪笼草潮温环境中才能正常生活，生长期需经常喷水，每天需 4 ~ 5 次。如果温度变化大，过于干燥或都会影响叶笼的发育。

猪笼草为附生性植物，常生长在大树林下或岩石的北边，自然条件属半阴。夏季太阳光照耀下，必须遮荫，否则叶片易灼伤，直接影响叶笼的发育。但长期在阴暗的条件下，叶笼形成慢而小，笼面彩色暗淡。土壤以疏松、肥沃和透气的腐叶土或泥炭土为好。盆栽上常用泥炭土、水苔、木炭和冷杉树皮屑的混合基质。

对地震最敏感的植物

鱼浮水面、鸭不下水、鸡上房顶、老鼠搬家、猪不进圈……这些动物出现的异常现象，已被验证是地震前动物特有的反应。这种现象早已被科学家们用来作为预测地震的一种方式。还和动物一样，植物也会有震前异常反应。它比动物对地震异常反应的时间更早、更久，有利于人们及早采取相应的对策。在地震的孕育过程中一会产生地湿、地下水及地磁场等一系列的物理和化学变化。环境的变化，会使植物的生长产生相应的变化。为此，当植物有不正常的开花、结果，甚至大面积死亡等异常现象出现时，就是一种无声的地震预报。

云南西双版纳、德宏等地区的含羞草就是这样一种对地震颇为敏感的植物。

含羞草，又称知羞草、怕痒花和惧内草。是一种豆科草本植物，茎基部木质化，在亚热带地区为多年生。含羞草枝上有锐刺，茎直立，也有蔓生的。叶为羽状复叶，对生，总叶柄上着生羽叶4个，每个羽叶上由14～18枚小叶组成，小叶为矩圆形。花淡粉红色，花期7～10月，果为荚果，种子呈扁圆形。

含羞草的叶子具有很长的叶柄，柄的前端分出四根羽轴，每一根羽轴上着生两排长椭圆形的小羽片。花，粉红色，头状花序。含羞草被触摸后，先是小羽片一片片闭合起来，四根羽轴接着也合拢了，然后整个叶柄都下垂。

含羞草

含羞草生长于路旁、空地等开阔场所。全株皆可入药，根部泡酒服用或与酒一起煎服，可治风湿痛、神经衰弱、失眠等；与瘦猪肉一起炖煮食用，可治疗眼热肿痛、肝炎和肾脏炎：叶片的鲜品捣烂，可敷治肿痛及带状疱疹等，颇具止痛消肿之效。

含羞草

含羞草原产于南美热带地区，喜温暖湿润，对土壤要求不严，喜光，但又能耐半阴，故可作室内盆花赏玩。含羞草小叶细小，羽状排列，用手触小叶，小叶接受刺激后，即会合拢，如震动力大，可使刺激传至全叶，则总叶柄也会下垂，甚至也可传递到相邻叶片使其叶柄下垂，好像姑娘害羞而低下头，故名含羞草。那么是不是真的叶子怕羞呢？当然不是。

含羞草为什么会“含羞”呢？含羞草的叶柄基部和复叶基部，都有一个膨大部分，叫作叶枕。叶枕中心有一个维管束，周围有许多薄壁细胞。一般情况下，每一个细胞中都丰富的水分，因而膨胀，使叶枕挺立着，所以叶片舒展，但一旦受到刺激，叶枕细胞所含的水就流到细胞间隙中，于是叶枕就发生萎软现象，叶片也就随之闭合下垂。含羞草的老家在热带美洲，那里常有暴风骤雨，含羞草的这种“含羞”特性，非常有利于保护自己，免遭风雨侵袭。

含羞草的叶子平常在白天是横着呈水平张开，夜里呈合闭状态。这种草因对环境影响很敏感，当触及到人们的手、足、衣物或呼出的气体时，它的叶子会怕羞似的很快合抱起来，不让人们看清它的叶体。

含羞草不仅对人体非常敏感，对地震现象也很敏感，在大的地震到来之前，含羞草的叶子会一反常规：白天不呈张开状态反而成合闭状态，夜间不呈合闭状态反而呈半开或全开状态。科学家们发现，当这种叶片状态发生异常变化时，就预示着这一带地区将发生较大的地震。

最硬的树种

铁刀木的硬度可达每平方厘米 656～698 公斤刀斧难入。由于它的材质硬，难锯，难刨，用斧头劈它时竟会迸出火星。名由此而来。它的木材外围是黄色或白色，而中心部分是褐色或紫黑色，若露于空气中，则几乎成黑色，好似铁石，因此也称它为“黑心木”，它是世界上最硬的树种。

铁刀木属于苏木科决明属常绿乔木，在中国福建、台湾、广东、海南、广西和云南均有种植。材质中等至坚重，纹理直，结构略粗，是建筑和制作家具、乐器的良材；易燃，火力强，生长快，萌芽力强，是薪炭林、用材林的优良树种；叶茂花美，病虫少，还是良好的行道树与防护林树种；树皮、荚果制取栲胶；枝上放养紫胶虫，生产紫胶。树高达 20 米。偶数羽状复叶，

铁刀木

小叶6~11对，薄革质，长椭圆形。花为伞房状总状花序，腋生或顶生，排成圆锥状，黄色。荚果条状，扁平，种子扁平。

铁刀木喜光，喜温，在年平均气温21~24℃，极端最低气温在2℃以上的热带地区生长最适宜。对土壤要求不高，在中国热带及南亚热带的硅红壤、红壤的分布范围内、排水良好的山地、平原均可造林；可直播造林。栽植造林一般用1~2年生苗木。萌芽力强，适于薪炭林的头木作业，通常3年采薪一次，可连续利用数十年。其特点有：①树冠整齐宽广，花期长，叶茂花黄，病虫害少，是优秀的庭园绿荫树或行道树与防护林树种；②材质中等至坚重，纹理直，是高级家具、建筑、乐器、薪炭用材林树种。③铁刀木的叶子，是某些蝴蝶的食物。台湾高雄县的“黄蝶翠谷”自然生态景观，是广种铁刀木而吸引大量的淡黄蝴蝶栖息所形成的自然景观。

铁刀木心材常见的有暗褐色和紫黑色两种，材质坚硬而重，似铁色如刀质，故有此名。暗褐色褐紫黑色是一种具有高贵、华美、厚重特点的颜色，沉稳、含蓄、内敛。而其坚硬的质地与颜色又很好地统一在一起，可谓相得益彰。

铁刀木的花纹常见的有通直褐相互交错着的两种。一种在深色的表面，纹路虽则隐约可见，还有一种花纹柔软轻盈，呈鸡翅的羽毛状，纤细、环绕，故也称铁刀木为“鸡翅木”。同时还像风吹湖面荡起的波纹，让铁刀木在厚实中又平添了几分轻灵，在沉静中又多了几许活泼。

最不怕火烧的树

南海一带，生长着海松树，用它的木材做成烟斗，即使是成年累月的烟熏火烧，也烧不坏。当人们用一根头发绕在烟斗柄上，用火柴去烧时，头发不断。因为海松的散热能力特别强，加上它木质坚硬，尤其耐高温，所以不怕火烧。

长在非洲南部的水瓶树，高大粗壮，主干高达几十米，直径2米多，远看很像一个巨大的啤酒瓶。此树除“瓶口”有稀少的枝条树叶外，其他别无分枝。所有的水分集中储存在树干里，藏量可达1吨左右，所以水瓶树既不怕干旱，也不怕火烧，即使附近的灌木丛林都烧光了，它依然如故。

在与火魔长期的斗争中，人类发现有不少绿色物能有效阻止大火蔓延，是天然的“消防员”。

木荷就是其中一位，它是防火树种中的佼佼者，素有“烧不死”之称。木荷的防火本领具体表现在：

（1）草质的树叶含水量达42%左右，也就是说，在它的树叶成分中，有将近一半是水分。这种含水超群的特性，使得一般的山火奈何不了它。

木荷

（2）它树冠高大，叶子浓密。一条由木荷树组成的林带，就像一堵高大的防火墙，能将大火阻断隔离。

（3）它的种子轻薄，扩散能力强。木荷种子薄如纸，每公斤达20多万粒。种子成熟后，能在自然条件下随风飘播60～100米，这就为它扩大繁殖创造了基础。

（4）它有很强的适应性。既能单树种形成防火带，又能混生于松、杉、樟等林木之中，起到局部防燃阻火的作用。

（5）木质坚硬，再生能力强。坚硬的木质增强了它的拒火能力，更惊奇的是，即使头年过火，被烧伤的木荷树第二年就生机勃勃。这种林木主产于我国中部至南部的广大山区，既是良好的用材林，又是美丽的观赏林，但人类越来越重视它的防火。有的将它混种于其他林木之中，有的以它为主体，种成防火林带，均收到了良好效果。

生长在澳大利亚西部特贝城镇内的喷水树，树根粗壮繁密，它们犹如一台台安装在地下的抽水泵，而粗壮的树干就成了储水罐。一旦附近发生火情，消防人员只要在树干挖一个小洞，树干中的水就会像自来水一样自动喷出，供人们应急灭火。

纺锤树生长在旱季特长的南美洲巴西东部。此树天生两头细，中间粗，很像一只大纺锤。由于此树只长稀疏的几根树杈，远看像一根大萝卜，所以又叫萝卜树、花瓶树。一株30米高的树，体内可贮2吨多水，亲有“植物水塔”的美誉，为巴西的珍奇树种之一。

不久前，科学家在非洲的安哥拉的密林中还发现生长着一种奇怪的树木——“梓柯树”。这种树的树杈上生长着馒头大的节苞，节苞里充满了像水那样透明的液汁，节苞表面有布满的细小的网眼。让人奇怪的是，它不仅不怕火烧，还拥有“自动灭火器”。一旦遇到火灾，梓柯树就会把节苞里的液汁喷射出来，扑灭火苗。

木荷

有一位科学家曾亲身领教过这种树对火的敏感性，他有意在一棵梓柯树下，用打火机点火吸烟，当他的打火机中的火光一闪，立刻从树中喷出无数白色的液体泡沫，朝这位科学家的头上身上扑来，打火机的火焰被熄灭，而这位科学家也从头到脚都是白沫，浑身湿透。

经化学家研究，这些液体中含有大量的四氯化碳。生物学家估计，这种特殊“灭火”本领可能是一种遗传下来的保护自身的植物生理机能。我们现时所用的灭火筒，大多数灭火剂就是四氯化碳。这种树竟然比人类更先使用了化学灭火剂。人们称这种神奇的梓柯树为森林火灾的克星，它真是森林里名副其实消防员。

在美国，经过对大量树木进行耐热和抗火试验，以及经过长期的筛选和精心的培育，最后选出了14种不易燃烧的树木，按一定比例、方式栽培在森林里，就能成为防止森林火灾的天然屏障。在我国的三明市，林业工作者指导广大群众在林间山脊处营造耐火性强的木荷、火力楠、阿丁香等树种做防护林带。在山脚林地四周，营造比较耐火的金桔、杨梅、棕榈、油茶、茶叶等经济林，做防护林带，不仅获得较好经济效益，对阻隔和控制森林火灾的蔓延都已取得了显著的效果。广东省已建成以木荷为主的生物防火林带，在全省形成木荷化、网络化的生物防火体系，为我国发展生物防护林，提供了宝贵的经验。

最毒的树

在两个世纪前，爪哇有个酋长用涂有一种树的乳汁的针，刺扎“犯人”的胸部作实验，不一会儿，“犯人”死亡，从此这种树举世闻名。我国给这种树取名“见血封喉”，比喻它毒性的程度。这种树体含白色乳汁，汁液有剧毒，能使人心脏停跳，眼睛失明。它的毒性大大超过有剧毒的巴豆和苦杏仁等，所以，被人们认为是世界上最毒的树木。

人们最初认识这种植物，是在付出了惨重的血的代价之后。

英国殖民军入侵波罗州（今加里曼丹岛），凭借先进的火器，迫使土著人退入丛林中，当英国人向丛林中追击时，却遭到了箭矢的袭击。英国人根本就没把这种用芦苇削成的箭放在眼里。哪里知道，冲不多远，那些中过箭的士兵却相继倒了下去，在地上抽搐起来，不久，就口吐白沫停止了呼吸。这使英国人大为恐慌逃了回去。

后来，英国人才知道，在波罗洲生长着一种中加布树的桑科植物。这种树的树皮，枝条一旦破裂，就会流出剧毒的白色乳汁，人、兽如果不小心眼中滴进乳汁，两眼顿时失明；皮肤破了，沾上了乳汁，会使血液凝固，心脏停止跳动。当地土著居民常用这种树汁涂在箭矢上，用于捕杀猛兽。这次他们用来对付英国人的，正是这种致命的毒箭。

见血封喉树

像这类能制毒箭的箭毒木，我国西双版纳和海南岛等热带丛林中也可见到，叫做“见血封喉”。据说在西双版纳，最早发现箭毒木汁液含有剧毒的是一位傣族猎人。这位傣族猎人在一次狩猎时被一只狗熊紧逼而被迫爬上一棵大树，而狗熊也跟着爬上树来。猎人折断一枝杈刺向狗熊的嘴里。奇怪发生了，狗熊立即倒地身亡。从那以后，西双版纳的傣族猎人在狩猎前，常把箭毒木的汁液涂在箭头上，制成毒箭来对抗猛兽的袭击，凡被猎人射中的野兽，只能走上三五步就会倒毙。每逢人们提到箭毒木时，常常是谈树色变，因此把它称为“死亡之树”。

箭毒木

箭毒木是一种桑科植物。傣语叫“戈贡”，学名为 Antiaris tocicaria，是一种落叶乔木，树干粗壮高大，树皮很厚，既能开花，也会结果；果子是肉质的，成熟时呈紫红色。

箭毒木的杆、枝、叶子等都含有剧毒的白浆。用这种毒浆（特别是以几种毒药掺合）涂在箭头上，箭头一旦射中野兽，野兽很快就会因鲜血凝固而倒毙。如果不小心将此液溅进眼里，可以使眼睛立刻失明，甚至这种树在燃烧时烟气入眼，也会导致失明。

民谚云：“七上八下九不活”，意为被毒箭射中的野兽，在逃窜时若是走上坡路，最多只能跑上七步；走下坡路最多只能跑八步，跑第九步时就要死去。人身上若是破皮出血，沾上箭毒木的汁液后，也会很快死亡。用毒箭射死的野兽，不管是老虎、豹子，还是其他野兽，它的肉是不能吃的，否则，人也会中毒而身亡。因此，西双版纳的各少数民族，平时狩猎一般是不用毒箭的。见血封喉的毒液成份是见血封喉甙，具有强心，加速心律、增加心血输出量作用，在医药学上有研究价值和使用价值。

见血封喉

有意思的是，由于见血封喉的树皮厚而富含纤维，西双版纳的傣族人民还用它来做毯子。见血封喉虽有剧毒，但其树皮厚，纤维多，且纤维柔软而富弹性，是做褥垫的优质材料。西双版纳的各族群众把它浸入水中，除去毒液后，剥下它的树皮捶松、晒干，用来做床上的褥垫，舒适又耐用。如果将纤维撕开后进一步加工，还能织成布，傣族妇女可用它来制作漂亮的筒裙。

箭毒木是珍贵树种，分布在云南和广东广西等少数地区，在东南亚和印度也有，是我国的热带雨林的主要树种之一。由于森林严重遭受到破坏，数量也逐年减少。

另外还有一些树也很毒。美洲巴拿马运河两岸，有一种叫“希波马耶·曼西奈拉”的树，它的含毒量也不低。连从它枝叶上跌落下来的雨滴掉在人的皮肤上，也会引起皮肤发炎。

质量最轻的树

轻木，是生长最快的树木之一，也是世界上最轻的木材，是生长在美洲热带森林里。木棉科大乔木。这种树四季常青，树干高大。叶子像梧桐，五片黄白色的花瓣像芙蓉花，果实裂开像棉花。我国台湾南部早就引种。1960年起，在广东、福建等地也都普遍种植，并且长势很好。

轻木又称百色木、巴沙木，属于木棉科、轻木属，是一种常绿乔木。一株10～12年生的轻木商可达16～18米，胸围1.5～1.8米。其树干挺直、树皮栋褐色。其宽心脏形，片片单叶在枝条上排列，叶的边缘具有棱状的深裂。花长得很大，是白色的，着生在树冠的上层。果实称作蒴果，长圆形，里面有绵状的簇毛，由5个果瓣构成。种子是倒卵形的，呈淡红色或咖啡色，外面密被绒毛，好像棉花子一样。

轻木

轻木生长非常很迅速。一年就可高达5～6米，胸围30～40厘米。由于它休内细胞组织更新迅速，又不会产生木质化，所以不论是根、树干、枝子各部分都显得轻软而富弹性。

轻木长10米，合抱粗的轻木，就连一个妇女也能轻而易举地把它扛起来，干燥的轻木比重只有0.1～0.2克。由于它导热系数低，物理性能好，既隔热，又隔音，因此是绝缘材料、隔音设备、救生胸带、水上浮标及制造飞机的优质材料。又由于其木材容量最小，不易变形，体积稳定性较好，材质均匀，容易加工，因此也可制作各种展览模型及塑料贴面。此外，其种毛尚可作枕、褥的填充材料。

轻木的木材，每立方厘米只有0.1克重，是同体积水的重量的1/10。每立方米仅重115公斤。一个成年人可以抬起约等于自身体积8倍的轻木。轻木不仅木材特别轻，木质细白，虫不吃，蚁不蛀，而且生长迅速，树干又高又直，分枝少，叶片大而圆。在热带雨林里，它犹如着紧身短衣筒裙、系银腰带、撑着绿纸伞的傣族少女，美丽多姿。

据说，15世纪时哥伦布首先发现了美洲新大陆。从那以后，欧洲殖民者派军队占领美洲地盘。西斑牙军队到厄瓜多尔时，军人们看到在流往萨摩岛的河流中，有七个土著姑娘乘着一种特殊木头扎成的木筏，冒着狂涛激浪漂流而下，木筏时而在浪尖上，时而沉入水花中，但始终都不会沉没，感到。后来，军人们还发现，这种木头非常轻，防腐性能好，当地手工艺人用它制造出的许多种的日常用品和工艺品，很受人们喜爱。于是，西班牙军人第一次把这种木材叫做轻木。后来，轻木被运到西班牙乃至整个欧洲，并逐渐在全世界传播开来。

生长最快与最慢的树

树木生长的速度各有不同，例如在苏联的喀拉哈里沙漠中，有一种尔威兹加树，个子很矮，整个树冠是圆形的，从正面看上去，就像是沙地上的小圆桌。它长像慢极了，100 年才长高 30 厘米。要是和毛竹的生长速度相比，真像老牛追汽车。尔威兹加树要长 333 年，才能达到毛竹一天生长的高度。尔威兹加树生长慢的原因，除了它的本性以外，主要是沙漠中雨水稀少，天气干旱，风又大，环境条件不利于它的快速生长。

生长在我国云南、广西及东南亚一带的团花树，一年能长高 3.5 米，被称为“奇迹树”。生长在中南美洲的轻木，要比团花树还要快，它一年能长高 5 米。但是，木本植物生长速度的冠军要算是毛竹。它从出笋到竹子长成，只要两个月的时间，就高达 20 米，大约有六七层楼房那么高。生长高峰的时候，一昼夜能长 1 米，“雨后春笋”由此而来。

毛竹又称楠竹。毛竹生长快、成材早、产量高、用途广。造林五到十年后，就可年年砍伐利用。一株毛竹从出笋到成竹只需两个月左右的时间，当年即可砍，作造纸原料。若作竹材原料，也只需 3 ~ 6 年的加固生长就可砍伐利用。经营好的竹林，除竹笋等竹副产品外，每亩可年产竹材 1500 ~ 2000 公斤。

我国早在殷商时代就有用竹编制竹器等的传统，用竹子造房在我国也有 2000 多年的历史；在现代建筑中，毛竹被用来架设工棚和脚手架；毛竹还是造纸和人造丝的优良原料；竹材劈成的薄篾可编制成很多生产工具、生活用品和工艺品，竹杆、竹片可制成竹床、竹椅及通风保健席等；近年来，竹胶合板的开拓制品更具市场引力。此外，竹枝、竹鞭、竹箨、竹根、竹兜等都可加工成很具经济价值的竹工艺品。毛竹笋营养丰富、味道鲜美，是人人喜爱佳肴，它可做保健食品制成的各种笋干、笋罐头十分畅销。故毛竹具有很大的国际、国内市场潜力。毛竹鞭根发达，纵横交错，栽植在江堤、湖岸有固土防冲作用。竹林四季常青，挺拔秀丽，是绿化的优良树种。

毛竹

毛竹是多年生常绿乔木植物，但其生长发育不同于一般乔木树种，它是由地下部分的鞭、根、芽和地上部分的秆、枝、叶组成的有机体。毛竹不仅具有根的向地性生长和秆的反向地性生长，而且具有鞭（地下茎）的横向地性起伏生长。竹秆寿命短，开花周期长，没有次生生长，竹鞭具有强大的分生繁殖能力。竹鞭一般分布在土壤上层15～40厘米的范围，每节有一个侧芽，可以长成笋或长成新的竹鞭。壮龄竹鞭上的部分肥壮侧芽在每年夏末秋初开始萌动分化为笋芽，到初冬笋体肥大，笋壳（箨）呈黄色，被有绒毛，称冬笋。

冬季低温时期，竹笋处于休眠状态，到了第二年春季温度回升时，长出土，称为春笋。春笋的笋壳为紫褐色，有黑色斑点，满生粗毛。春笋中一些生长健壮的，经过竹笋—幼竹40～50天的生长上部便开始抽枝展叶而成为新竹。新竹第二年春全株换叶一次，以后每二年换叶一次，每换叶一次称为一“度”。新竹经过2～5年生理代谢，抽鞭发笋能力强、竹秆材质处于增进期的幼——壮龄竹阶段；再经过6～8年的竹秆材质生长达到力学强度稳定的中龄竹阶段；9年以上的竹将出现生命力下降趋势，进入老龄竹阶段。故在毛竹林培育上，应留养幼、壮龄竹，砍伐老龄竹。

毛竹也会开花结实，这是正常的生理现象，是成熟衰老的象征。毛竹开化一年四季都可能发生，开花一般持续3～5年。毛竹开花是竹林生产上的巨大威协，应设法防止。

毛竹是多年生常绿树种。根系集中稠密，竹秆生长快，生长量大。因此，要求温暖湿润的气候条件，年平均温度15～20℃，年降水量为1200～1800毫米。对土壤的要求也高于一般树种，既需要充裕的水湿条件，又不耐积水淹浸。板岩、页岩、花岗岩、砂岩等母岩发育的中、厚层肥沃酸性的红壤、黄红壤、黄壤上分布多，生长良好。在土质黏重而干燥的网纹红壤及林地积水、地下水位过高的地方则生长不良。在林地选择上应选择背风向南的山谷、山麓、山腰地带；土壤深度在50厘米以上；肥沃、湿润、排水和透气性良好的酸性砂质土或砂质壤土的地方。

竹子的生长特殊，它是一节节拉长。竹笋有多少节和多粗，长成的竹子就有多少节和多粗。一旦竹子长成，就停止长高了。而所有树木的生长，是在幼嫩的芽尖，逐渐加粗伸长，经几十年至几百年，它才会慢慢地加粗长高。

世界奇花

花卉是大自然进化的瑰丽产物。地球上的奇数不胜数现撷取数朵供读者欣赏。

1. 十里香花

生长在欧洲的荷兰，有一种白色野蔷薇，香味很浓，十里之外都能闻到，是当今世界上香气传得最远的花。

2. 千瓣莲

千瓣莲是一种稀有的景观植物，属睡莲科，产于湖北省当阳县玉泉寺。其叶茎与一般莲无明显区别，唯花瓣特别繁多，形态富丽。每朵花常在1000瓣左右，花瓣重重叠叠，由大而小，愈近花心愈密集，故名千瓣莲。每年盛夏开花，花期近3个月，花期初呈墨紫红色，逐渐变淡，当花开到粉红色时，便开始凋谢。

3. 飞刀花

在秘鲁索千米拉斯山里，有一种会伤害人的野花。这种花不到半米高，花有脸盆那么大，每朵花有5个花瓣，花瓣边缘上生满针那样尖利的刺。假若碰它一下，它的花瓣就会突然飞弹开伤人，轻者伤皮，重者留疤。

蔷薇

4. 指北花

生长在非洲大那马瓜沙漠中的哈斯盟斯花，同向日葵一样也有向阳性。不过，由于它所处的位置是在赤道以南，而太阳则是从它的北方向它照射，所以它的花朵总是指向北方。

5. 纵火花

在南美洲的大森林深处有一种纵火花，这种花呈金黄色，十分好看。花瓣内含有大量的挥发性芳香油，如果晴空万里，空气干燥，这种花就会自燃。

6. 响花

生长在澳大利亚的蜡菊，是一种夏天开放的花，由于花瓣质硬而干燥，当人们触摸或微风吹拂时，花瓣互相磨擦发出沙沙响声，因此，当地人把它称为响花。

7. 产糖花

在柬埔寨，生长着一种糖棕树，花朵很大，含糖量达15%。人们将一节节的毛竹悬挂在糖棕树上，再用刀子将花刺破，便可使糖汁滴入竹筒，供人享用。

8. 地下花

澳洲有一种花是生长在地下的。它由横生的根茎和白色的分枝组成，每一分枝上头都有一株花芽，呈粉红色，很像兰花。地下花不见阳光，但能开花结子。

9. 灯花

在古巴有一种夜光花，含有荧光素。每逢盛夏的傍晚开放，天亮前凋谢。当地人用它装点节日的夜晚，或是欢聚一堂，举办夜光花观赏晚会，千树万花一齐开放，格外迷人。

10. 握手花

在非洲喀麦隆，有一种花的茎部长着很多刺激腺，只要受到环境刺激，它马上就把花瓣紧缩，把人手缠住，就像和人“握手”一样，所以被人们称为“握手花”。

世界上最长的植物

在非洲的热带森林里，生长着参天巨树和奇花异草。有一种能绊你跌跤的“鬼索”，这就是在大树周围缠绕成无数圈圈的白藤。

白藤也叫省藤，我国云南也有出产。棕榈科省藤属植物。云南特有种。主要分布于西双版纳海拔1500~1800米的山地常绿阔叶林中，最北分布到怒江州贡山县独龙江河谷。茎攀援，单生；带叶鞘的茎粗1.5~2.5厘米，裸茎粗1.0~1.3厘米。叶羽状全裂，长约90厘米，叶轴顶端不具纤鞭；羽片在叶轴上每侧有6~11片，不等距排列，长30~35厘米，宽4.5~5厘米。雌雄异株。果实椭圆形至近球形，长1.8厘米，直径1.5~1.7厘米，鳞片15~18纵列，干时红褐色；种子长圆形，扁压，表面具瘤突，胚乳嚼烂状，胚基生。藤茎柔韧，质地优良，是编织藤制家具的上等原料。茎尖营养丰富，可作野菜食用。一般用种子繁殖，也可用组织培育方法繁殖苗木后再大量种植。藤椅、藤床、藤蓝、藤书架等，都是以白藤为原料加工制成的。

白藤茎干一般很细，有小酒盅口那样粗，有的还要细些。它的顶部长着一束羽毛状的叶，叶面长尖刺。茎的上部直到茎梢又长又结实，也长满又大又尖往下弯的硬刺。它像一根带刺的长鞭一碰上大树，就紧紧的攀住树干，并立即长出一束又一束新叶。接着它就顺着树干继续往上爬，而下部的叶子则慢慢脱落。白藤爬上大树顶后，还是一个劲地长，可是已经没有什么可以攀缘的了，于是它那越来越长的茎就往下堕，以大树当做支柱，在大树周围缠绕成无数怪圈圈。

白藤

白藤从根部到顶部，达300米，比世界上最高的桉树还长1倍呢。据记载，白藤长度的最高记录竟达400米。

北美红杉、道格拉斯黄杉和王桉，虽然都有身高超过110米的记录，被称为“世界最高的树”，但却不是身体最长的植物。

据《吉尼斯世界纪录大全》记载，美国加利福尼亚州有一株来自中国的豆科植物白藤，是1892年栽种的，迄今已逾百年。它的身长达到150多米，覆盖了几乎1英亩的面积，体重252吨。这株巨大的白藤，春季开花时的景色十分壮观，在持续5个星期的花期内，相继开放的花朵有150万之多，因此被列为世界最大的花木。

滇南，滇西地区曾经省藤资源非常丰富，种类也多。由于过度采伐，省藤大量减少。现在用的省藤，主要是境外边民背进来出售的。当地人把省藤分为“饭藤”和“糯藤”两种。用“饭藤”做骨架，用“糯藤”剖成蔑片，编织藤椅、藤凳、藤桌，备受人们欢迎，差不多每家每户都有一二件藤蔑编织的用具。用省藤做的拐杖，也非常精致，是一种文明和身份的标志，倍受文人雅士、达官显贵的喜爱。

在古典的文学名著《三国演义》中有诸葛亮征南蛮时在盘蛇谷火烧藤甲兵的记载。藤甲兵的铠甲就是用省藤编织的。诸葛亮面对身穿铠甲、刀箭不入的3万蛮兵，无可耐何败下阵来。后经过调查研究，编铠销甲的藤生于山间林中，盘于石壁之上，铠甲编好后，浸于油中，半年后方取出晒干，晒后再浸于油中，反复多次，所以刀枪不入。惯用火攻的诸葛亮，一把火烧得3万蛮兵鬼哭狼嚎，尸魂遍野，臭气冲天。诸葛亮看到这惨状，垂泪而叹曰：“我虽有助于社稷，必损寿矣!”

出现最早的陆上植物

囊蕨是陆地上出现的最早的植物。陆地植物的出现晚，因为这些植物属于高等植物，一般来说，有根、茎、叶的分化和具有多细胞的雌性生殖器官和胚。这类植物以被证实了。

距今约4亿年前的志留纪晚期，地壳发生了一次规模较大的变动，产生了大批新生陆地。一些原来生长在海滨潮汐带上的绿藻，经常随着海水的进退而过着两栖生活，有一些不适应当时的环境而消失。而另一些种类则在心环境里进化自己，增强了变异性能，这就是顶囊蕨，最初出现于志留纪晚期，到泥盆纪时，很快遍及北半球各地和澳大利亚。蕨类植物是一群既古老又复杂的植物类群。根据古植物化石提高，古代和现代生存的蕨类植物的共同祖先，都是距今4亿年前诞生的裸蕨植物。

低等藻类植物在水域中生活发展了近十亿年的时间，在距今约4.4~4亿年前的志留纪末和下泥盆纪时期，由于环境条件的巨大变化和植物体本身适应能力的不断增强，增加了藻类植物登陆的可能性。但是只有那些经过自然选择，能初步适应陆生环境的变异类型才能存活下来，这就是最早的以裸蕨植物为代表的陆生植物。裸蕨植物的出现，是植物发展史上的又一次巨大飞跃。

裸蕨植物因无叶而得此名。这类植物曾在距今3.9~3.7亿年前的早、中泥盆纪繁盛一时，广布全球，是当时陆生植物的优势种。直到距今3.6亿年的晚泥盆纪才趋于绝灭。

裸蕨植物一般体型矮小，结构简单，高的不过两米，矮的仅几十厘米。植物体无真正的根、茎、叶的分化，仅有地上生的极其细弱的二叉分枝的茎轴和地下生的拟根茎。但是却出现了维管组织，在茎轴基部和拟根茎下面，又长出了假根。这不但有利于水分和养分的吸收及运输，而且加强了植物体的支持和固着能力。与此同时，茎轴的表皮上产生了角质层和气孔，以调节水分的蒸腾；孢子囊长在枝轴顶端，并产生了具有孢粉质外壁的孢子，坚韧

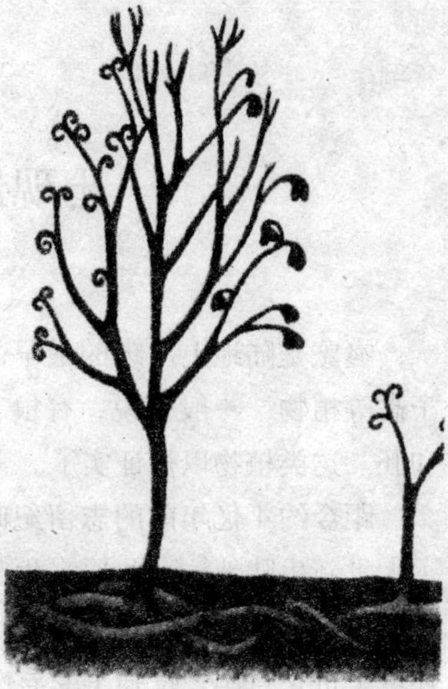
裸蕨

的外壁使其不易损伤和干瘪，有利于孢子的传播。这些结构都是裸蕨比它们的祖先——藻类更能适应多变的陆生环境的新组织器官。这些组织器官与现代的高等植物简单和原始，但是，裸蕨植物正是依靠这些简单的组织和器官解决了它们在陆生环境中所面临的一些主要问题，并且为沿着这样的道路继续衍生越来越高等的陆生植物创造了条件。因此，裸蕨植物是由水生到陆生的桥梁植物，也是最原始的陆生维管植物。

裸蕨植物不是一个自然分类单位，而是一个极其复杂的类群庞杂的大类群。通过化石资料分析，它们大致可分为三种类型，即瑞尼蕨型、工蕨型和裸蕨型。这三种类型的植物又都是来自最原始的裸蕨植物——顶囊蕨。由于顶囊蕨的孢子囊是光的，所以又叫光蕨。1937 年发现于英国、捷克斯洛伐克和美国，1966 年在我国云南也曾采到化石。顶囊蕨的茎轴不到 10 厘米高，十分纤细，二叉分枝，维管束也为二叉分枝，环纹管胞，孢囊顶生，孢子同型，肾形，是惟一的最古老的陆生维管植物。

1. 瑞尼蕨型

此类植物的典型代表是瑞尼蕨，1917 年发现于英国的苏格兰。它是一群构造简单的小型草本植物。孢子体没有地上部分与地下部分的明显分化，地下的拟根茎向下长着一些单细胞的丝状假根，向上长着直立或以二歧式分枝为主的立轴。高 18 ~ 50 厘米，粗 3 毫米，中柱细弱，中央无髓，有环纹管胞组成的木质部，其外围有一层薄壁细胞所组成的韧皮部，是一种最原始的中柱类型。立轴及分枝无叶，表面具角质化的表皮，其上有稀疏分布的气孔，枝顶有单生的孢子囊。配子体为横卧地上的轴状体，其下生有假根，颈卵器和精子器埋生在假根之间的配子体组织中。这些特征，和现代蕨类植物相同。从这样一个原始的瑞尼蕨类型，向着两个方向演化。一是瑞尼蕨的能育和不育的顶枝简化，孢子囊聚合生长，并产生新的拟叶，由于枝的缩短，孢子囊由顶生变为侧生，也就是聚囊位于拟叶上方的短枝顶端，成为蕨类植物中的松叶蕨类。第二个方向是，瑞尼蕨产生近似轮生的叶子，孢子囊穗上的孢子囊倒生、悬垂于反卷的小枝顶端，成为歧叶和芦形木。由此进一步演化为具轮生分枝和孢子囊柄弯曲的木贼类。

2. 工蕨型

工蕨型的代表植物是工蕨。它的地上和地下部分的差异尚不明显，也无根、茎、叶的分化，长在地面的拟根茎部分，由于常常发生“工”字形的分枝，构成一种非常复杂的的状态。它的枝轴内部具有简单的单体中柱和外始式的初生木质部，这都表明了它的原始性质。工蕨与同类植物相比显著的特点是，它在枝轴顶部组成穗状的侧生孢子囊，它们大都成肾形，基部有短柄，并有沿着前缘切线开裂以扩散孢子的细胞加厚带。

工蕨型植物得比瑞尼蕨型植物晚，它是从较早出现的瑞尼蕨型植物的原始类型衍生出来的。后来发现的一种早泥盆纪植物肾囊蕨，其植物体二歧式分枝和孢子囊单个顶生和瑞尼蕨型植物中的顶囊蕨，而孢子囊呈肾形，并前缘切向开裂，却又非常近似工蕨型植物。这一中间类型植物的发现，进一步证实了工蕨型植物是由瑞尼蕨的原始类型通过肾囊蕨演化来的。后来工蕨型植物发生了一次多方向的演变，经过星木发展成为原始的石松类植物。其中一部分就成了现代石松类的远祖。

囊蕨

3. 裸蕨型

裸蕨型植物的代表为裸蕨。它的主轴比较粗壮，并常呈假单轴式的分枝，侧枝二歧式，分枝次数较多，生殖细枝末端顶生着很多成对的或小束状的孢子囊，它的主轴明显的比侧枝粗，外部形态比瑞尼蕨型复杂。裸蕨的维管束木质部和主轴的直径相比，已经粗大得多了，从木质部的结构多少可以说明它和瑞尼蕨型植物的某些渊源关系。这也就是说，裸蕨型植物发源于瑞尼蕨的最早类型。

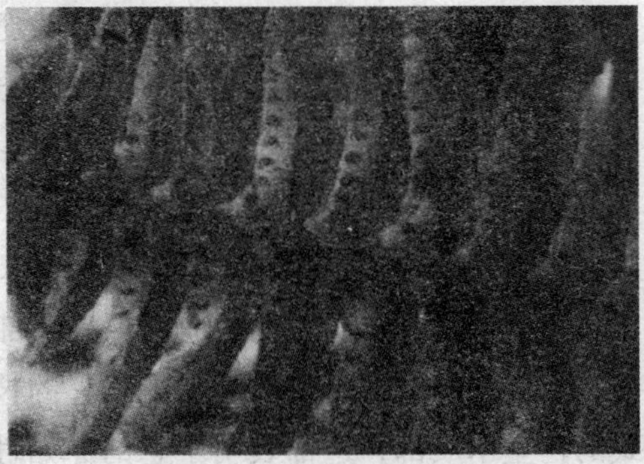
肾蕨

从裸蕨的形态结构和由几层厚壁细胞组成的外皮层，都说明足够支撑一个相当大的植物体了。裸蕨的孢子囊可纵向开裂以传播孢子，这是比较先进的。它是裸蕨型植物中最高级的类型。令我们最值得关注的是，在裸蕨型植物中，有一种叫三枝蕨的裸蕨型植物，它生存于早泥盆纪末，在它的主轴上长着螺旋状排列的侧枝，侧枝从主轴长出后，迅速就发生一次相等的三叉式分枝，这种三叉式的每小枝向前长出不远，就又发生一次不等的三叉式分枝和两次二叉式分枝，然后在每个末级细枝顶端，生长成对的或三个彼此紧靠成束的孢子囊。从三枝蕨的分枝形式和顶生成束的孢子囊以及所在的地质时代，都可以证明它和其他裸蕨型植物具有密切的关系。但是植物体已很强健，加上枝轴形态结构的繁杂，则为一般裸蕨型植物所不能地，因而它很像是裸蕨植物与更高级的维管植物之间的过渡植物或中间类型。由此发展为真蕨类和前裸子植物后者再进一步演化为各类裸子植物。

我们认为，所有的陆生高等植物，除了苔藓植物以外，都是直接或间接起源于裸蕨植物，没有任何一种陆生维管植物能够绕过裸蕨植物而直接发源于水生藻类的。因此，裸蕨植物在植物界的系统发育中，上承生活在水中的藻类，下启陆生的蕨类和前裸子植物，是植物界系统演化中的主导力量。